대한민국 맛의 방주

향토편

최정민
조은미
전효원
엄희순
서경희
강나윤

ⓑ (주)백산출판사

추 천 사

조리해야 맛의 방주를 지킬 수 있습니다.

(사)국제슬로푸드한국협회 회장 김종덕

국제슬로푸드한국협회가 사라지는 식재료와 음식을 이탈리아에 있는 슬로푸드생물다양성 재단의 맛의 방주에 등재한 지도 10년이 되었습니다. 지난 10년 동안 100개가 넘는 식재료와 음식을 맛의 방주에 등재했고, 지금도 등재할 식재료와 음식을 발굴하여 등재작업을 계속하고 있습니다. 국제슬로푸드한국협회가 이러한 작업을 하는 이유는 우리의 자산이자 문화이며, 정체성을 구성하고 있는 식재료와 음식이 사라지는 것을 안타깝게 여기고 그것을 지키기 위한 것입니다.

맛의 방주 등재는 그간 사라지는 식재료와 음식에 대한 경각심을 갖게 하는 데 기여했고, 앉은뱅이밀 등에서 볼 수 있듯이 많은 사람들이 사라지는 식재료와 음식에 관심을 기울이고, 이를 섭취하게 하는 계기가 되었습니다. 그럼에도 맛의 방주에 등재된 대부분의 식재료에 대해 아직도 많은 사람들이 잘 모르고, 사람들의 관심도 많지 않은 가운데, 맛의 방주에 등재된 식재료와 음식은 여전히 소멸 위기에 처해 있습니다. 맛의 방주에 등재된 식재료와 음식을 지키려면, 그 품목과 음식을 아는 것도 중요하지만, 그것을 이용해서 직접 음식을 만드는 것이 더욱 중요합니다. 즉 조리를 해야 대한민국 맛의 방주를 지킬 수 있습니다.

예전에는 가정에서 식재료로 음식을 만드는 조리(요리)가 필수였습니다. 가정에서 누군가 그 책임을 맡았고, 그 덕분에 식구들은 안전하고 맛있는 음식을 먹을 수 있었습니다. 그러나 지금은 이러한 상황이 크게 바뀌었습니다. 오늘날 부엌은 조리하는 공간이 아니라 인테리어 공간이 되었고, 점점 더 많은 가정에서 조리하지 않거나 조리를 적게 하고 있습니다. 그런데다 대부분의 사람들은 이러한 변화를 불가피한 것으로, 심지어는 축복으로 여기고 있습니다.

조리를 경시하고, 조리하지 않는 문화에서는 아무리 중요한 맛의 방주 등재 식재료라고 하더라도, 또한 사람들이 그 식재료를 알고 있더라도 이것이 소멸되는 것은 시간문제입니다. 이것을 지키려면, 가정에서 조리하고, 이것을 계속해서 찾아야 합니다. 이러한 측면에서 본다면, 대구 경북 슬로푸드 회원이자 연구자 여섯 분이 혼신의 노력과 발품으로 출간하는 『대한민국 맛의 방주 : 향토편』은 매우 시의적절하고 소중하며 가치 있는 작업이라 하겠습니다. 앞으로 많은 사람들이 이 책을 참고하여 맛의 방주에 등재된 식재료로 음식을 만들어 먹으면, 맛의 방주 식재료와 음식을 지키는 데 크게 기여할 것으로 기대됩니다.

어려운 여건에서도 여섯 분의 공동작업으로 슬로푸드 맛의 방주 관련 책을 펴낸 것에 대해 축하와 감사의 말씀을 전합니다. 맛의 방주와 관련된 조리와 음식 연구를 토대로 제2, 제3의 책 출간으로 이어지길 바랍니다.

추 천 사

맛의 방주 보존과 재해석
『대한민국 맛의 방주 : 향토편』 공저 6명의 법고창신(法古創新)

대구가톨릭대학교 임현철 교수

전해 내려오는 전통을 보존하는 것은 중요하다. 그러나 한편으로 삶의 문화와 전통은 외부 문화와의 교류, 내부의 변화와 함께 늘 새롭게 만들어진다.

밥과 함께 우리 식단에서 없어서는 안 될 것이 김치이다. 김치는 넓은 의미에서 소금, 초, 장 등에 '절인 채소'를 의미한다. 김치의 어원인 '딤채(沈菜)'도 '담근 채소'라는 뜻이다. 소금에 절인 채소라는 의미에서 일본의 쓰케모노(漬物)나 서양의 피클(pickle), 중국의 파오차이(泡菜) 등도 김치의 일종이다. 이와 비슷한 형태로 '지'라 불리던 우리나라의 김치가, 젓갈과 고춧가루를 식재료로 쓰게 되면서 지금은 외형상으로나 맛으로나 이들과는 전혀 다른 음식이 되었다.
이와 같이 김치는 전래의 식재료와 식문화에 외국과의 교류를 통해 들어온 식재료, 그리고 그것을 활용하는 새로운 시도를 한 우리 선조들의 창의성이 더해져서 새롭게 형성된 전통이라 할 것이다. 김치의 예와 같이 음식문화는 끊임없이 변화하면서 새로운 전통을 만들어가고 있다.

1997년 이탈리아에서 '맛의 방주 선언문'을 발표한 이후 세계 각지에 전통 먹거리 종자를 보호하고 종 다양성을 지켜나가면서 그 지역의 식재료 및 전통음식과 문화를 보전하기 위해 많은 사람들이 노력하고 있다.

국내의 한 TV프로인 '한국인의 밥상'에서 미처 알지 못했던 음식과 식재료들을 보면서 우리 부모님 세대들이 돌아가시기 전에 누군가 빨리 시작하지 않으면 우리 고유의 식재료나 음식들이 모두 사라질 수도 있겠구나 하는 안타까운 마음을 갖고 있었는데 타이밍이 아주 절묘하다. 이렇게 우리 요리 연구가 여섯 분이 맛의 방주 프로젝트를 통해 식재료와 음식이 사라지는 것을 안타깝게 여겨 그것을 발굴하고 지키기 위해 알리고, 재해석하고자 하는 시도는, 음식문화의 전통을 계승하는 데서 더 나아가 새로운 전통을 창조하는 것이라 할 수 있다. 매우 신선하고 의미있는 연구와 노력의 산물이다.

옛것을 본받아 새로운 것을 창조하는 것을 법고창신(法古創新)이라 한다. '대한민국 맛의 방주: 향토편'은 옛것에 토대를 두되 그것을 변화시킬 줄 알고, 새것을 만들어가되 그 근본을 잃지 않는 법고창신의 정신을 구현한 책이다. 요리 전문가들의 혼이 담긴 이 책을 통해 많은 분들이 맛의 방주에 실린 귀하고 소중한 우리의 식재료와 음식이라는 자원들에 관심을 가지고 새로운 음식문화의 전통을 만들어가기를 기대한다.
특히 요리 연구가들에게는 자극이 되고, 일반인에게는 풍성한 음식을 대하는 계기가 되기를 바라며 요리를 배우는 분들한테는 우리 고유의 식재료와 음식의 다양성, 차별성을 배울 수 있는 좋은 기회가 되길 바라는 마음으로 일독을 권한다.

요리를 연구하는 우리 여섯 명은 같은 방향을 바라보며 사는 사람들입니다. 특히 같은 분야에서 봉사하면서, 만나면 요리 이야기로 꽃을 피웠습니다. 간소함과 편리함을 따라가면서 순박한 우리 식재료와 멸종위기에 처한 토종 씨앗이 사라져 간다는 안타까운 마음에 우리나라 토종 식재료를 알려야 한다는 데 모두가 뜻을 모으게 되었습니다. 우리가 사는 곳에서 나오는 농수축산물이 체질에 잘 맞는 것이고, 그 조리법이나 가공법 또한 체질과 입맛에 맞추어 발전하면서 전해 내려왔을 것이기 때문입니다.

우리 여섯 연구자들은 마음을 모아, 요리의 전문분야는 다르지만, '맛의 방주'에 등재된 식재료를 널리 알리고 그것을 활용한 요리를 현대적으로 재해석할 필요가 있다는 취지에서 '대한민국 맛의 방주: 향토편'을 기획하게 되었습니다. 연구자들의 각기 다른 장점과 노하우로 아름다운 음식을 만들고, 멋들어진 한 상의 조화로운 밥상이 이루어지는 것을 보면서 뭉치면 시너지 효과는 배가 된다는 걸 느꼈습니다.

그러나 맛의 방주에 등재된 식재료를 알아보는 중, 천연기념물로 등재된 것도 있고 구하기 어려운 경우도 있어서, 오로지 맛의 방주에 등재된 식재료를 구하기 위해 이른 새벽에 출발하여 전국 방방곡곡을 동분서주했습니다. 그래도 구하지 못한 식재료는 현재 우리 주위에서 구할 수 있는 식재료로 대체하기도 하였습니다. 또한 음식을 재해석하는 과정에서 오류도 많이 경험하면서 고민이 깊어

지기도 하였습니다. 각 지방에 있는 전통방식에서 우리가 재해석한 부분은 아직 부족한 점이 많음을 느낍니다. 그러나 한편으로는 그러한 어려움을 누군가는 겪어야 한다면, 맛의 방주에 등재된 식재료를 지키기 위해 저희가 먼저 발걸음을 내디뎌야 한다고 생각했고, 아쉬움이 많이 남지만 서로의 격려 덕분에 그 순간순간 너무 행복한 시간을 보낼 수 있었습니다.

음식은 토종 씨앗으로 길러낸 식재료로 만드는 것이 으뜸입니다. 맛의 방주에 등재된 식재료로 음식을 만들고 그것을 섭취하는 소비자가 지속적으로 있어야 맛의 방주를 지킬 수 있다고 믿습니다. 이 책을 시발점으로 많은 분들이 맛의 방주에 실린 귀하고 소중한 우리의 자원들에 관심을 가지고 더 맛있고 더 유익한 레시피들이 쏟아져 나오길 기대합니다. 더 나아가 위기에 처한 우리의 토종 씨앗이나 음식이 사라지기 전에 '맛의 방주'에 승선시키는 노력도 쉼 없이 이루어져야 할 것입니다. 우리의 역사와 함께 지내온 토종 식재료의 전통을 지켜나가기 위한 끝없는 연구 노력도 꼭 필요할 것입니다.

음식은 건강이고 정성이고 사랑이며, 오래전부터 전해 내려오는 삶의 문화입니다. 곰삭은 젓국과 같이 천천히 우러나 스며드는 것이 음식의 맛이라고 연구자들은 생각합니다.

우리 토종 식재료와 문화를 소중히 지켜주신 많은 분들께 감사드립니다. 또 지키려 노력하고 계신 많은 분들께도 감사드리며 그 길에 함께할 수 있음이 우리 연구자들에게 큰 기쁨이었습니다.

또한 국제슬로푸드한국협회에서 제공한 방대한 자료들의 도움으로 좀 더 쉽게 재료들을 공부하고 음식들을 재해석할 수 있었습니다. 국제슬로푸드협회와 추천사로 아낌없는 격려를 보내주신 (사단법인)국제슬로푸드한국협회 김종덕 회장님, 대구가톨릭대학교 임현철 교수님, 그리고 사진을 촬영해주신 김철성 작가님께도 깊은 감사인사를 드립니다. 마지막으로 이 책이 나올 수 있도록 도움을 주신 백산출판사 진욱상 사장님, 이경희 부장님, 김호철 편집부장님, 성인숙 과장님, 이문희님을 비롯하여 관계자 여러분께 다시한 번 감사드립니다.

최정민, 조은미, 전효원, 엄희순, 서경희, 강나윤

차 례

1

25가지 제주도
맛의 방주

2

27가지 전라도 맛의 방주

3

20가지 경상도 맛의 방주

맛의 방주 ─ 슬로푸드 ─

맛
의

방
주
란

맛의 방주는 소멸위기에 처한 종자나 식재료를 찾아 목록을 만든 뒤 '맛의 방주'에 승선시켜 지역음식문화유산을 지켜나가는 국제프로젝트입니다.

맛의 방주는 전 세계 문화와 전통이 깃든, 사라질 위기에 처한 음식을 기록한 온라인 목록입니다. 동식물종은 물론 가공식품도 승선할 수 있습니다. 이 프로젝트는 지역음식과 음식문화자원을 재발견하고 가치를 부여해 지역경제를 지원하기 위한 것입니다. 맛의 방주는 슬로푸드운동에서 특정 식재료를 다루는 유일한 프로젝트이기에 소비자들이 맛의 방주 등재식품을 찾고 그것을 먹게 되면 소멸위기에 처한 종자나 식재료를 지킬 수 있습니다. 맛의 방주 목록은 국제슬로푸드협회 홈페이지(www.slowfood.com)의 'Ark of Taste' 카테고리에서 나라별로 확인할 수 있습니다. 국제슬로푸드한국협회는 2013년 제주푸른콩장을 슬로푸드생물다양성재단의 맛의 방주에 처음 등재했고, 우리나라는 슬로푸드운동을 하는 160개국 중 맛의 방주 100종 이상을 등재한 11개 나라 중 하나입니다. 맛의 방주 프로젝트는 품목은 물론 멸종위기에 놓인 사실을 알리고 또 구매해서 먹고 이에 대해 이야기함으로써 소비자들의 관심과 동참을 유도하고 어려운 여건 속에서도 소멸위기에 처한 종자를 지켜온 농민들을 후원하며 품목 보존과 번식을 위해 힘쓰게 함으로써 더 많은 사람들이 생명다양성을 지켜내기 위한 운동에 동참할 수 있게 합니다.

맛의 방주 발굴기준

오늘날과 같이 식재료를 대량으로 생산·소비하고, 획일화되는 식문화는 바람직하지 않다. 사라져가는 고유하고 우수한 지역의 식문화를 보존, 육성, 계승하기 위한 맛의 방주 발굴기준은 다음과 같다.

특징적인 맛을 가지고 있어야 하고, 특정 지역 환경, 사회, 경제, 역사와 연결돼 있어야 하며, 소멸 위기에 처해 있어야 한다. 또한 전통적인 방식으로 생산된 것이어야 한다. 이를 좀 더 상세히 살펴보면 아래와 같다.

1. 지역 고유의 맛을 가진 식재료와 식품, 지역 고유 토종 또는 야생종, 지역생산물을 이용해 전통방식으로 만든 가공식품

지역사회문화와 지식이 연관된 품목이어야 한다. 슬로푸드에서 생명 다양성은 유전적 자료일 뿐만 아니라 문화(전통적인 기술, 지역, 노하우)를 포함하기 때문이다. 토종과 야생종들은 전통 수확방식, 어업, 가공기술, 토착문화와 연결되어 있으며 이러한 품목을 지키는 일은 지역사회에서 대대로 전해 내려온 지식을 지키고 이 품목이 자라는 생태를 보존하는 일이기도 하다. 치즈, 절인 고기, 빵, 음료, 장아찌, 김치 등과 같이 음식물을 보존하기 위해 만들어진 가공식품은 전 세계에서 여러 세대를 거쳐 내려온 지식, 창의력, 기술의 결과물이다. 장인 가공기술을 통해 만들어진 식품들은 사용된 원재료보다 지역문화를 더 잘 표현하는 경우가 많으며 가공식품의 홍보는 그것에 사용된 원재료인 토종 동식물을 보호하고 알리는 데 좋은 방법이기도 하다.

2. 지역전통 조리방법과 가공법 및 독창적인 맛과 특성을 가진 식품

품목의 사회적 기원을 살펴봐야 한다. 지역사회의 조언을 구하고 어떤 사람들이 이 품목을 잘 알고, 특별한 때 먹었는지, 또 어떤 사람들이 먹었는지 등을 조사해야 한다. 맛의 방주 품목으로 지역의 미각적 특징을 파악할 수 있는데 일반적으로는 이상하게 여겨지는 맛이 특정 지역에서는 매우 일반적인 맛으로 인식되기도 한다. 좋은 예로 안동식혜나 홍어를 들 수 있다.

3. 지역 토양(territory)의 특성과 지역사회의 기억, 정체성, 전통지식과 관련 있는 식품

맛의 방주가 관심을 갖는 품목은 그 지역의 토양 특성과 역사적·문화적으로 지역과 연관성 있는 것들이다. 토양은 생명다양성을 지키는 핵심 요소이다. 흙, 공기, 물, 기후를 포함한 지역 환경과 지역의 사투리, 종교, 예술, 건축, 풍경은 그 지역 맛의 방주 품목과 오랫동안 관계를 맺으며 함께해 왔다. 지역과 품목 간의 정체성과 관계성을 찾기 위해 슬로푸드운동은 지역의 '집단 기억'을 활용한다. 지역사회문화의 일부분인지, 품목을 재배, 가공, 섭취하기 위해 세대를 거쳐 전해 내려온 지식이 필요한지와 같은 질문에 답을 찾기 위해 지역에서 가장 연로한 생산자나 지역 어르신을 찾아가 물어보고 지역에서 공유된 기억인지를 확인하는 게 중요하다. 또한 지역 여성, 음식전문가에게 조언을 구하는 것도 좋으며, 관련된 지역문화 존재여부도 중요하다. 품목에 대한 책이나 기록, 전통축제에 대한 기록이 있는지 등 최대한 많은 자료를 점검해야 한다.

4. 일정한 양만 생산되는 식품

맛의 방주는 대량생산이 불가능한 품목을 찾는 데 관심이 있다. 맛의 방주에 있는 품목들은 특정 지역과 지역사회 지식과의 연관성이라는 두 가지 기준이 있다. 생산량이 너무 방대하게 증가하면 작물 생산자가 많아지고 많은 수의 가축을 키워야 하며 생산방식의 강도도 높아지므로 재료를 다른 지역에서 공수해 오거나 공정을 기계화해 장인생산의 품질을 얻기 어려워진다. 따라서 맛의 방주는 생산자가 아닌 품목을 등재하는 목록이므로 정확한 생산량 수치보다는 규모를 파악해서 장인이 생산하는 품목인지를 판단한다.

5. 멸종위기에 처한 식품

만약 이 품목을 생산하기 위한 지식과 기술을 보유한 생산자가 매우 적을 경우——고령자 어르신일 때는 더더욱——그 품목은 사라질 위기에 처했다고 볼 수 있다. 전통가공법은 장인의 기술이며 그 기술은 단기간에 습득되지 않는다. 또한 말이나 글로는 알 수 없는 특유의 감각을 길러야 하는 일이기도 하기 때문이다. 가정에서 자가소비를 위해 생산하는 수준이라면 이 또한 멸종위기에 처했다는 신호이다. 소비추세의 변화, 더 이상 진가를 알아주지 않는 품목을 소비하지 않는 시장, 지역인구 감소, 장인들의 생계를 위한 지역이주, 기술대물림 중단, 지역생태계 변화, 국내외 농업정책지원자금 중단, 관계 당국의 관심 부족 등 소멸위기 원인은 여러 가지라 할 수 있다.

🍲 맛의 방주 목록 (등재순번, 등재명, 지역, 등재연도 순)

●구매가능　　●자료 有　　●관찰 가능

1. **제주푸른콩장** 제주도 2013 ●●●
2. **앉은뱅이밀** 경남 진주 2013 ●●●
3. **섬말나리** 울릉도 2013 ●●
4. **칡소** 울릉도 2013 ●●●
5. **연산오계** 충남 논산 2013 ●●●
6. **제주흑우** 제주도 2013 ●●●
7. **장흥돈차** 전남 장흥 2013 ●●●
8. **태안자염** 충남 태안 2014 ●●●
9. **감홍로** 경기 고양 2014 ●●●
10. **먹골황실배** 경기 남양주 2014 ●
11. **을문이** 충남 논산 2014 ●●
12. **먹시감식초** 전북 정읍 2014 ●●●
13. **어간장** 충남 논산 2014 ●●
14. **어육장** 충남 논산 2014 ●
15. **예산삭힌김치** 충남 예산 2014 ●
16. **예산집장** 충남 예산 2014 ●
17. **울릉옥수수엿청주** 울릉도 2014 ●
18. **울릉홍감자** 울릉도 2014 ●●●
19. **울릉 손꽁치** 울릉도 2014 ●
20. **제주강술** 제주도 2014 ●
21. **제주꿩엿** 제주도 2014 ●●●
22. **제주댕유자** 제주도 2014 ●●●
23. **제주순다리** 제주도 2014 ●●●
24. **제주재래감** 제주도 2014 ●●
25. **제주재래돼지** 제주도 2014 ●●●
26. **마이산청실배** 경기 남양주 2014 ●
27. **토하** 전남 강진 2014 ●●●

28. **현인닭** 경기 파주 2014 ●●●
29. **김해장군차** 경남 김해 2014 ●●
30. **담양토종배추** 전남 담양 2014 ●●
31. **게걸무** 경기 화성 2014 ●●
32. **동아** 경기 남양주 2015 ●
33. **골감주** 제주도 2015 ●
34. **산물** 제주도 2015 ●●
35. **다금바리 · 자바리** 제주도 2015 ●●●
36. **제주오분자기** 제주도 2015 ●●
37. **감태지** 전남 완도 2015 ●●
38. **낭장망 멸치** 전남 완도 2015 ●●
39. **지주식 김** 전남 완도 2015 ●●
40. **파라시** 전북 완주 2015 ●●
41. **황포** 전북 전주 2015 ●
42. **보림백모차** 전남 장흥 2015 ●●
43. **하동잭살차** 경남 하동 2015 ●●
44. **밀랍떡** 경기 양평 2015 ●
45. **작주부본 곡자발효식초** 충북 예산 2015 ●●●
46. **누룩발효곡물식초** 경북 예천 2015 ●●●
47. **떡고추장** 충남 논산 2015 ●
48. **마름묵** 전북 정읍 2015 ●
49. **미선나무** 충북 괴산 2015 ●
50. **산부추** 경기 양평 2015 ●
51. **수수옴팡떡** 경기 김포 2015 ●
52. **자연산 긴잎돌김** 울릉도 2015 ●●●
53. **제비쑥떡** 전남 나주 2015 ●●●
54. **준치김치** 경기 평택 2015 ●

슬로푸드란 – 좋고, 깨끗하고, 공정한 음식

일반적으로 '슬로푸드(Slow Food)'라고 하면 보편적으로 된장, 간장, 김치 등을 떠올리게 된다. 이 음식들은 우리나라의 대표적인 발효식품으로, 담그는 지역과 사람에 따라 그 맛이 조금씩 다르다. '패스트푸드(Fast Food)'가 획일화, 표준화된 것으로 비교적 간편하게 먹을 수 있는 데 비해, 시간을 두고 기다려야 하는 음식이고, 그 맛 또한 획일적이지 않다. 또 슬로푸드는 생산자와 생산과정이 알려진 지역 식재료로 만든 지역 음식이고, 제철 식재료로 만든 제철 음식이라 할 수 있다.

슬로푸드운동과 관련된 '슬로푸드'는 우리가 보편적으로 인식하는 슬로푸드와는 조금 다른 고유한 개념을 가지고 있는데 이는 다음과 같은 세 기준을 가진 음식이다.
첫째, 좋은(good) 음식이다. 이와 관련된 두 가지 요소가 핵심인데, 하나는 맛으로 개인적이며, 각각 감각적 영역과 관련된다. 다른 하나는 지식이며, 문화적인 것으로 공동체와 기술, 공간의 역사와 환경에 연관되어 있다. 둘째, 깨끗한(clean) 음식이다. 이는 음식 생산 및 운송방식과 관계된다. 생산물 생산과정이 지구와 환경을 존중하고 오염시키지 않아야 하며, 농장에서 식탁으로 운송 시 자연자원을 낭비하거나 오용하지 말아야 한다. 달리 말해 음식 생산과 운송이 지구와 환경을 해치지 않아 지속 가능해야 한다. 셋째, 공정한(fair) 음식이다. 식량 생산에서 공정함은 사회 정의, 노동자와 그들의 노하우, 시골 풍습과 농촌의 삶에 대한 존중, 노동에 걸맞은 보수, 훌륭한 생산물에 대한 만족, 소농에 대한 명확한 재평가를 포함한다. 슬로푸드운동은 전 세계 모든 사람들이 좋고, 깨끗하고, 공정한 음식을 즐기는 것을 목표로 하고 있다.

슬로푸드운동은 식사의 즐거움을 이야기하면서 슬로푸드 음식을 중시하지만, 더 나아가 기계 속도가 아닌 사람의 속도로 사는 것을 중요하게 여긴다. 즉, 슬로라이프를 옹호한다. 사람마다 속도가 다르기 때문에 슬로라이프란 자기 속도와 리듬에 의해 살아가는 것을 말한다. 또 사람이 다른 생명체를 지배하는 것이 아니라 다른 생명체와 공존하는 삶을 지향한다(국제슬로푸드한국협회 https://www.slowfood.or.kr).

위의 세 가지 기준을 서술식으로 제시하지 않고 다음과 같이 제시할 수도 있을 것이다.

좋음(Good)

맛있고 풍미 있으며, 신선하고 감각을 자극하며 만족시키는 음식

깨끗함(Clean)

지구의 자원을 축내지 않고, 생태계와 환경을 해치지 않으며, 인간의 건강을 위협하지 않도록 생산된 음식

공정함(Fair)

사회적 정의를 지키는 음식. 생산, 상품화, 소비의 모든 단계에서 공정한 임금과 조건에 맞춘 음식

🍵 대한민국 맛의 방주 : 향토편

음식에 영양과 맛을 도와주는 채수, 육수, 자연양념에 대해 살펴보자.

1. 채수

채수는 채소와 해조류에서 우려낸 맛을 도와주는
밑국물이며, 종류는 다음과 같다.

1) 기본채수(냉침)

재료_ 다시마(10×10cm) 1장, 마른 표고버섯 4장,
물 1L

만드는 법

1. 다시마는 젖은 면포로 닦는다.
2. 마른 표고버섯은 흐르는 물에 살짝 씻는다.
3. 물에 재료를 넣어 하루 정도 냉장고에 둔다.
4. 재료를 체에 건져 맑은 채수를 사용한다.

- 냉장 혹은 냉동 보관한다.
- 물과 재료를 넣고 10분 정도 끓인 후 다시마는 건져내고 20분 정도 더 끓여서 사용하기도 한다.
- 채수를 만든 표고버섯과 다시마는 고명, 조림, 튀김 등에 사용한다.
- 기본채수는 밥물, 국, 찌개, 조림용 간장 만들기 등에 활용한다.

2) 진한 채수(무들기름 채수)

재료_ 표고버섯 5장, 다시마(10×10cm) 2장, 무 1/5개, 들기름 1큰술, 식용유 1/2큰술, 물 1.5L

만드는 법

1. 다시마와 표고버섯은 깨끗하게 준비한다.

2. 무는 큼직하게 어슷썰거나 연필깎이썰기로 썰어서 준비한다.

3. 달군 냄비에 식용유와 들기름을 넣고 재료들을 넣어 볶는다.

4. 충분히 볶아지면 물을 붓고 강불에서 팔팔 끓인다.

5. 뽀얗게 국물이 우러나면 병입해서 완성시킨다.

• 옹심이, 국수요리, 채개장 등 진한 국물이 필요할 때 활용한다.

3) 칼칼한 맛 채수

재료_표고버섯 5장, 다시마(10×10cm) 1장, 사과 1/2개, 양파 1/2개, 구운 대파 1대, 청양고추
3개(혹은 마른 고추), 물 1L

만드는 법

1. 재료들은 깨끗이 씻거나 닦아서 준비한다.

2. 사과는 껍질째 3등분하고 고추도 잘라서 준비한다.

3. 냄비에 물, 재료를 넣고 강불에서 끓인다.

4. 물이 끓으면 다시마는 건져내고 10분 정도 중불에서 끓여 완성시킨다.

• 칼칼한 맛의 채수는 밑반찬, 김치풀, 물김치용 채수 등으로 사용한다.
• 고추씨 3큰술을 다시팩에 넣어 끓이면 깔끔한 매운맛이 난다.

4) 달달한 맛 채수

재료_표고버섯 3장, 다시마(10×10cm) 1장, 사과 1/2개, 당근 1/6개, 대추 3알, 양배추 한 잎,
물 1L

만드는 법

1. 재료는 깨끗하게 준비한다.

2. 물에 재료를 넣고 끓으면 다시마를 건져낸다.

3. 중약불에 뭉근히 끓여서 완성시킨다.

• 죽, 물김치 채수, 탕수용 채수 등으로 활용한다.

5) 구수한 맛 채수

재료_ 말린 연근 · 우엉 · 콩 1/2컵, 물 1L

만드는 법

1. 재료는 깨끗이 준비하고 콩은 미리 불려둔다.
2. 팬에 재료를 넣고 볶는다.
3. 콩껍질이 터지면 물을 붓고 약불에서 2/3 정도
   가 되도록 달이듯이 끓인다.

• 밥물, 전골 등의 채수로 사용한다.

2. 육수

육수는 육류와 해물을 우려내 진하고 깊은 맛을 도와주는 밑국물로, 종류는 다음과 같다.

1) 육수

재료_ 물 1L, 양지머리 150g, 다시마(10×10cm) 1장, 대파 1/2줄기, 마늘 3알, 무 70g, 양파
     1/2개

만드는 법

1. 양지머리는 20분 정도 찬물에 담가 핏물을 제거한다.
2. 물에 고기와 채소를 넣고 뚜껑을 연 채 강불로 끓인다.
3. 다시마는 건져내고 중불로 30분 이상 더 끓인다.
4. 고기는 건져 식힌 후 찢어서 보관하고 육수는 체에 밭쳐 맑게 보관한다.

• 월계수잎, 통후추 등을 넣어도 된다.

2) 해물육수

재료_ 물 1L, 다시마(10×10cm) 1장, 북어머리 1개, 무 1/5개, 건해물 1컵(홍합, 디포리, 멸치
     등), 고추씨 1/4컵, 대파 1/2대

만드는 법

1. 다시마는 면포로 닦고 멸치는 배의 내장을 제거한 후 팬에 살짝 볶는다
2. 무는 어슷어슷 썰어두고 대파는 팬에 살짝 굽는다.
3. 재료를 냄비에 넣고 강불에서 끓이다가 다시마를 빼고 중약불에서 뭉근히 끓인다.
4. 2/3 정도의 육수가 남으면 불을 끈다.

• 재료를 냄비에 담고 반나절 정도 냉침한 후 끓이면 맛이 잘 우러난다.
• 보리새우, 마른 버섯류, 채소류, 문어 등을 넣어서 깊은 맛을 낸다.

3) 멸치육수

재료_ 다시마(10×10cm) 1장, 멸치 30g, 무 50g, 표고버섯 1개, 대파 10cm 1대, 양파 1/4개
 (50g), 건청양고추 2개, 연근 30g, 물 1L 기준

만드는 법

1. 멸치는 마른 팬에 살짝 볶아 준비하고, 대파는 구워서 준비해 둔다.
2. 다시마는 찬물에 넣고, 물이 끓으면 다시마를 건져낸 뒤 모든 채소를 넣고 30분 정도 끓여서 건
 지는 건져내고 육수로 사용한다.

3. 장류
장류는 한국음식의 바탕을 이루는 기본 식재료로 건강을 더하는 발효식품이다. 종류는
다음과 같다.

1) 청장

재료_ 메주 5장, 천일염 3kg, 물 20L, 마른 고추 5개, 숯 3개, 대추 7개

만드는 법

1. 항아리를 소독한다.
2. 소금에 물을 넣어 잘 녹인 후 하루 정도 가라앉힌다.
3. 메주는 흐르는 물에 솔로 문질러 깨끗이 씻은 뒤 햇볕에 말린다.
4. 소독한 항아리에 메주를 차곡차곡 담은 뒤 뜨지 않게 대나무줄기를 얹고 소금물을 붓는다.

5. 숯, 대추, 마른 고추를 위에 띄운다.

- 장 가르기 : 봄, 가을장은 50일 후에 가르고 여름장은 30일, 겨울장은 70일 정도에 가른다.
- 된장이 묽으면 메줏가루나 청국장가루를 섞어서 치댄다.

2) 진간장

재료_청장 4컵, 서리태(서목태) 1컵, 다시마 1줄, 마른 표고버섯 10장, 조청 1컵, 대추 10알, 채수 5L

만드는 법

1. 냄비에 청장과 조청을 제외한 재료를 넣고 끓인다.
2. 재료가 흐물흐물해질 때까지 달인 후 건더기를 거른다.
3. ②에 청장과 조청을 넣어 간을 맞춘 후 한 번 더 끓인다.

- 청장을 4~5년 묵혀서 까맣게 되면 진간장으로 사용한다.
- 맛간장 : 진간장에 흑설탕, 북어머리, 구기자, 무, 대파뿌리, 건새우, 요리술, 각종 허브 등을 넣어 맛을 더한다.

3) 된장고추장

재료_고운 고춧가루 1kg, 된장(간 것) 1.6kg, 조청 3kg, 볶은 굵은소금 간 것 40g, 소주 400g, 매실청 700g

만드는 법

1. 조청을 불에 올려 농도를 묽게 한다.
2. 조청에 간 된장과 소주를 넣고 먼저 저어준다.
3. ②의 과정에 고춧가루와 매실청, 소금을 넣고 고루 잘 저어서 마무리한다.
4. 된장의 염도에 따라 소금을 조절하고, 단맛은 주요리에 따라 조절한다.

4. 소금

소금은 음식에 풍부한 맛을 더해주는 양념으로 종류는 다음과 같다.

1) 구운 소금

• 간수 정제가 잘된 천일염 등으로 400℃ 이상에서 가공한 소금
• 400℃ 이하는 볶은 소금이라 칭한다.
• 실외작업을 하고 혹 실내작업 시에는 환기, 마스크 착용

2) 녹차소금

재료_ 구운 소금 1컵, 녹차가루 1~2큰술

만드는 법

1. 달군 팬에 구운 소금을 데우는 정도로 덖는다.
2. 소금이 따뜻하게 느껴지면 녹차가루를 넣는다.
3. 약불에서 ②를 섞어준다는 생각으로 가볍게 한두 번 덖은 후 불을 끈다.
4. 믹서기나 분쇄기에 넣고 곱게 간다.

• 식혀서 소독한 병에 담은 후 사용한다.
• 강황, 비트, 흑임자, 각종 허브 등을 활용한다.

3) 맛소금

재료_ 구운 소금 1컵, 들깻가루 1/3컵, 깨 1/2컵

• 녹차소금과 같은 방법으로 만든다.

4) 누룩소금

재료_ 쌀누룩 2/3컵, 천일염 1/3컵, 끓여 식힌 물 1컵

만드는 법

1. 쌀누룩을 손바닥으로 비빈다.

2. 쌀누룩이 뭉쳐지는 듯하면 소금을 넣고 골고루 섞는다.

3. ②에 끓여 식힌 물을 넣고 나무숟가락을 이용하여 섞는다.

4. 소독한 병에 넣고 뚜껑을 덮은 후 실온에 두고 하루에 한번씩 젓는다.

5. 여름에는 1주일, 겨울에는 10일 정도 숙성 후 믹서에 갈아서 사용한다.

- 냉장 보관한다.

- 저염된장, 저염고추장을 담글 때 활용한다.

- 요리할 때 소금처럼 사용하면 감칠맛, 저염소금의 역할을 한다.

5. 요리술

요리술은 음식의 풍미를 더해주는 양념이다.

재료_ 청주 1병(1.8L), 마른 표고버섯 3개, 다시마(10×10cm) 1장, 대파뿌리 1개, 마늘 4쪽, 생
강 1쪽, 레몬 1/2개, 설탕 4큰술

만드는 법

1. 재료들을 깨끗이 손질한 후 채썰어 준비한다.

2. 요리술 보관할 유리병을 열탕소독해서 말린다.

3. 병에 청주, 채썬 재료들을 넣어 실온에서 반나절 이
   상 둔다.

4. 냉장고에 넣어 1주일 이상 숙성시킨 후 체에 걸러
   사용한다.

- 한 가지 재료들로 각각 만들어두고 사용해도 좋
  다.(예 : 생강술, 마늘술, 대파술, 레몬술 등)

- 냉장 보관

- 열탕소독 : 냄비에 찬물을 붓고 깨끗이 씻은 유
  리병을 담아 끓인 후 말려서 사용한다.

6. 조청

조청은 단맛을 내는 천연 감미료로 종류는 다음과 같다.

1) 무조청

재료_ 쌀(찹쌀) 3컵, 물 1L, 무 1/2개, 엿기름 1컵

만드는 법

1. 완성된 조청 담을 용기를 소독한다.
2. 엿기름을 물에 잘 담가둔다.
3. 무는 채썰어 푹 삶은 후 으깨거나 믹서기에 간다.
4. 고두밥을 지어 재료를 넣고 전기밥솥의 보온에서 뚜껑을 덮은 채 6시간 정도 삭힌다.
5. ④를 체에 걸러, 삭힌 물을 전기밥솥에 넣고 뚜껑을 연 채 취사를 눌러 끓인다.
6. 바글바글 거품이 나면서 색이 짙어지고 원하는 농도보다 조금 묽은 상태가 되면 불을 끄고 바로 소독한 용기에 넣는다.

- 무밥을 지은 후 4번 방법 이후를 진행해도 된다.
- 반찬할 때 설탕 대신 넣으면 깊은 맛을 낼 수 있다.
- 같은 방법으로 다양한 재료를 사용하여 조청을 만들 수 있다.(예 : 대추조청, 도라지조청, 배조청, 생강조청 등)

2) 연근조청

재료_ 엿기름 500g, 찹쌀 5컵, 연근 300g, 물 5L, 삼베주머니

만드는 법

1. 완성된 조청 담을 용기를 소독한다.
2. 연근은 깨끗이 씻어서 얇게 썬다.
3. 물에 엿기름가루를 넣고 고루 풀어서 불려준 뒤 체에 밭친다.
4. 쌀과 연근은 밥을 짓고, 엿기름물을 붓고 고루 섞어 뚜껑을 덮은 채 65℃에서 5시간 정도 삭힌다.
5. 체에 걸러 삭힌 물을 전기밥솥에 넣고 뚜껑을 연 채 취사를 눌러 끓인다.
6. 바글바글 끓여 거품이 나면서 색이 짙어지고 원하는 농도보다 조금 묽은 상태가 되면 불을 끄고 바로 소독한 용기에 넣는다.

　제주도는 2002년 유네스코에서 기후 및 생물 다양성의 생태계적 가치를 인정하여 생물권보전지역으로 지정하였다. 제주도는 세계적으로도 유명한 화산활동으로 인해 생긴 섬으로 오름, 주상절리, 용암동굴, 현무암지대를 많이 보존하고 있다. 또한 제주도는 주로 온대기후나 아열대기후가 많이 나타난다. 제주도 음식의 특성을 보면 자연적 조건 때문에 쌀은 거의 생산하지 못하고 주로 잡곡을 생산하며 고구마, 감귤, 자리돔, 옥돔, 전복 등이 특산품이다. 섬 지역이므로 어류와 해초가 주된 재료가 되며, 고추장보다는 된장으로 맛을 내는 음식이 많다. 더운 지방이기 때문에 간은 대체로 짠 편이다. 그리고 제주도는 각 재료가 가진 자연의 맛을 그대로 내려고 하는 특성이 있다. 음식을 많이 하지 않으며, 양념을 많이 넣거나 여러 가지 재료를 섞어서 만드는 음식이 별로 없는데 이것은 제주도민의 꾸밈없는 소박한 성품을 그대로 보여주는 것이라고 할 수 있다.

　이러한 식문화 특성을 지닌 제주도 지역의 맛의 방수 등새품곡과 그 특징을 알아본다.

푸른콩장

푸른콩은 제주 지역에서만 볼 수 있는 토종 종자로 현지에선 장콩이라 부르며 다른 콩에 비해 삶았을 때 단맛이 높고 찰지다.

강술

강술은 건조된 상태로 보관하며 필요할 때마다 물로 희석해서 마시는 술로서, 제조기간이 4개월가량 되며 10~18℃의 낮은 온도를 유지해야 하는 등 제조방법이 까다롭다.

제주 댕유자

제주도 토종 유자이며 열매가 크고 무게도 한 개에 300~500g 정도로 많이 나가며, 과육은 맛이 아주 시고, 껍질은 말리거나 그대로 달여 먹었는데 쌉쌀하고 알싸한 맛이 난다.

제주 재래돼지

제주 재래돼지는 일반 돼지에 비해 체격이 작지만 필수지방산 함량이 높아 풍미가 뛰어나며 씹는 맛이 쫄깃하고 부드러워서 한국 사람 입맛에 잘 맞는 것으로 알려졌다.

산물

산물은 열매껍질에 돌기가 있는 것이 특징으로 제주에서는 주로 껍질을 감기로 인한 기침, 가래 같은 증상에 약재로 이용했다. 요즘 약재로 쓰이는 진피가 산물의 껍질이다.

톳

톳은 영양가가 매우 높아 제주도 서민들의 영양공급원 역할을 해왔고, 제주 톳은 양식 없이 자연산으로만 수확하는 것이 특징이며 대체로 칼슘과 단백질이 매우 높은 식품이다.

구억배추

구억리에서 오래전부터 재배되어 왔기에 자연스럽게 구억배추라 불리게 되었으며 토종 배추로는 드물게 결구배추로 내엽색이 연한 황백색이며 은은한 갓 맛이 들어 있어 김치로 먹으면 특히 맛이 좋다.

순다리

쉰다리라고도 불리며 제주 지역에서 쉬기 직전의 남은 밥을 이용해 만들어 마시던 곡물 발효음료이다. 맛은 발효 정도에 따라 다르며 약간 달고 새콤한 것이 특징이다.

다금바리, 자바리

다금바리(자바리)는 제주에서 주로 잡혔던 아열대성 대형 어종이다. 사전에는 자바리로 표기되어 있다. 다금바리는 회, 탕, 구이 등으로 이용하며 버리는 것 없이 내장부터 뼈, 눈알까지 전부 다 먹을 수 있는 최고급 어종이다.

우뭇가사리

우뭇가사리는 주로 한천으로 만들어 먹으며 식이섬유소가 풍부하고 포만감은 크며 칼로리는 낮아 다이어트 식품으로 인기가 있다. 동물성 젤라틴 대신 쫄깃한 식감을 주는 천연재료로 많이 이용되고 있다.

오분자기

오분자기는 제주도에서만 서식하는 특산품으로 오분자기와 새끼전복을 혼동하는 이들이 많다. 요즘엔 제주도의 기후변화와 여러 개발로 인해 오분자기의 연간 생산량이 많이 줄었다.

자리돔

자리돔은 돔 어종 가운데 가장 작은 어종이지만 제주도 서민음식으로 사랑받고 있으며 이와 연관된 축제도 열리고 있다. 제주 사람들에겐 단백질과 칼슘 등을 공급해 준 고마운 존재이다.

제주흑우

제주흑우는 해충이나 질병에 대한 저항성이 한우 품종 중에서 가장 강하다. 다른 한우보다 올레인산 함량이 높아 담백하고 구수한 맛이 나는 것이 특징이며 육질 평가를 위한 패널 테스트에서 향미, 기호성, 다즙성, 연도 평가에서도 높은 성적을 받은 한우다.

꿩엿 잣박산

꿩고기는 필수아미노산, 무기질이 풍부한 저지방 식품으로
노약자, 성장기의 청소년, 어린이에게도 훌륭한 식품

재료

• 잣 2컵 • 꿩엿 5큰술 • 설탕 2큰술 • 물 2작은술
• 식용유

만드는 법

1 냄비에 꿩엿과 설탕, 물을 넣고 중불에서 끓인다.

2 시럽이 바글바글 끓으면 잣을 넣어 실이 보일 때까지 버무린다.

3 사각 틀에 비닐을 깔고 식용유를 바른 후 버무려진 잣을 부어 비닐을 덮고 밀대로 편편하게 고르게 밀어 굳기 전에 자른다.

알아보기

• 너무 많이 굳히면 부서지므로 굳기 전에 원하는 모양으로 자른다.

달콤하고 상큼한

단감 겉절이

비타민이 풍부하여,
숙취 해소, 노화 방지, 눈 건강, 기관지, 혈관건강, 장기능 개선 등에 도움

재료

• 단감 2개　　　　• 알배추 5장　　　　• 쪽파 2개

양념장_고춧가루 2큰술, 매실청 1큰술, 까나리액젓 1큰술, 조청 1작은술, 생강 · 소금 · 통깨 조금,
　　　　참기름 1작은술

만드는 법

1 단감은 껍질 벗겨 반달썰기하고 쪽파는 먹기 좋은 길이로 썬다.
2 알배추는 깨끗이 씻어 먹기 좋은 크기로 준비한다.
3 양념장 재료를 미리 잘 섞는다.
4 양념장에 알배추, 쪽파를 넣어 살살 버무린다.

알아보기

• 모든 제주 재래감은 달고 떫다. 9월경 푸르고 단단할 때 감을 따서 따뜻한 물에 뜨지 않게 3~4일간 담
가 놓고 매일 물을 갈아주면서 떫은맛을 빼서 먹는다.

오분자기 고추장 장아찌

성장기 어린이의 성장 발육과 빈혈, 골다공증 예방

재료

• 오분자기 10미(크기 15~20미)　　　　• 청주 2큰술　　　• 참기름 2큰술

채수재료_ 청장 1컵, 양파 1개(중), 사과 1/4개, 배 1/4개, 생강 5g, 건고추 2개, 대파 1대,
　　　　통후추 1작은술, 통마늘 3개
양념_ 찹쌀고추장 1/2컵, 고운 고춧가루 1/2큰술, 매실청 1큰술, 조청 1½큰술, 채수 1컵

만드는 법

1 오분자기는 솔로 깨끗이 씻는다.

2 청주와 참기름을 1:1로 잘 섞은 후, 오분자기에 골고루 바르고, 김 오른 찜기에 강불에서 3분 정도 찐다.

3 냄비에 채수재료를 넣고, 강불에서 20분, 약불에서 10분 정도 졸인 후, 재료는 체에 건지고 채수 1컵 분량을 준비한다.

4 양념장을 만들어 찐 오분자기에 잘 버무린다.

5 공기가 들어가지 않게 꾹꾹 눌러 담은 후 냉장고 안에서 1개월간 숙성시킨 후 먹는다.

알아보기

• 찜통에 오분자기를 찌면 이빨이 뾰족하게 도드라져 손으로 뽑을 수 있어서 손질이 간편함

옥돔 미역국

입맛 회복과 피로감, 무기력감을 개선하고
원기 회복에 좋으며, 혈액순환에 효과적

재료

• 마른미역 20g   • 옥돔 1마리   • 물 5컵

양념 _ 어간장 3큰술, 참기름 1큰술, 소금 1작은술

만드는 법

1 마른미역은 불려서 먹기 좋은 크기로 썬다.

2 옥돔은 비늘을 벗긴 다음 씻어서 준비한다.

3 냄비를 달궈 참기름을 두른 뒤 옥돔을 넣고 서너 번 뒤적이면서 덖은 후, 물을 붓고 푹 끓인다.

4 옥돔육수가 완성되면 옥돔의 뼈와 살을 분리한다.

5 육수가 팔팔 끓을 때 미역을 넣고, 분리한 옥돔살을 넣어 한소끔 더 끓인 후 어간장, 참기름, 소금으로 마무리한다.

알아보기

• 미역국은 간을 마지막에 해야 미역 속에 있는 영양성분들이 충분히 용출된다.

약으로 먹고 향기로 먹는

댕유자쌍화차

과일 중 비타민 C가 월등히 많아 감기 예방과 치료, 피로회복, 피부 등에
탁월한 효과가 있으며 혈관질환 예방에도 도움

재료

- 댕유자 1개
- 작약 4g
- 꿀 · 갈근 · 용안육 · 대추 · 당귀 · 천궁 · 황기 · 계피 · 숙지황 각 20g씩
- 감초 1g
- 무명실 적당량

만드는 법

1 댕유자는 굵은소금으로 문질러 씻은 후, 식초 푼 물에 5분 정도 담갔다가 끓는 물에 살짝 데친다.
  (베이킹파우더, 식초, 굵은소금 등으로 세척해도 된다.)
2 댕유자는 뚜껑 부분을 잘라서 속을 파낸다.
3 댕유자를 묶을 무명실도 삶아서 말려둔다.
4 약재들은 각각 법제하여 잘게 잘라서 잘 섞는다.
5 댕유자 속에 약재를 3/4씩 넣고 뚜껑을 닫은 후 실로 묶는다.
6 김 오른 찜기에 10분 찌고 식히기를 3~9차례 반복한다.
7 댕유자쌍화차 1알에 물 1.5~2L를 붓고 은근히 달인 뒤 꿀을 넣어 마신다.

알아보기

- 법제하기(황기, 감초는 꿀에 재운 후 말려서 마른 팬에 덖는다. 당귀는 술에 담근 후 말려서 마른 팬에 덖는다. 나머지 재료들은 찌거나 물에 깨끗이 씻은 후 건조시켜 덖는다.)
- 다른 한방재료(구기자, 산사 등)를 넣어서 만들어도 된다.
- 깨끗한 팬에 아주 약한 불로 꽃차를 덖듯이 해도 된다.

새콤한 맛과 향이 일품인

댕유자소스

댕유자는 비타민이 풍부해 기관지에 효과적인 천연 감기약

재료

- 댕유자청 4컵
- 레몬주스 1/2컵
- 올리브유 1/2컵
- 요리술 1/4컵
- 레몬식초 1/2컵
- 양파 1/4쪽
- 소금 약간

만드는 법

1 모든 재료를 넣고 믹서기에 곱게 간다.
2 냉장 보관하여 사용한다.

알아보기

- 각종 채소 샐러드 소스로 활용도가 높다. 특히 토마토가 들어가는 샐러드에 넣으면 상큼하다.
- 일반 유자의 수배 크기로 댕유지, 당유자라고 불린다.

오겹살구이

단백질, 비타민, 콜라겐이 풍부해 피부미용, 중금속 배출에 탁월

재료

- 오겹살 400g
- 소금 1/2작은술
- 식용유 1큰술
- 통녹두 100g
- 후추 1/2작은술
- 참기름 1큰술
- 풋고추 6개
- 멸치액젓 1큰술
- 들기름 1큰술
- 버터 1큰술
- 요리술 2큰술

만드는 법

1 돼지고기 오겹살은 3cm로 두툼하게 썰어서 요리술, 후추, 소금으로 밑간한 후 들기름에 재운다.

2 통녹두는 5시간 정도 불려서 김 오른 찜기에 푹 찐다.

3 재워둔 고기는 달궈진 팬에 버터를 두른 뒤 굽는다.

4 찐 녹두밥에 멸치액젓 2작은술을 넣고 섞는다.

5 구운 고기에 녹두밥을 올린다.

6 풋고추는 얇게 송송 썬 뒤 식용유, 참기름을 넣어 볶고 멸치액젓으로 간한 후 오겹살구이와 함께 낸다.

알아보기

- 제주 재래돼지는 전신이 흑색이고 체격은 일반 돼지에 비해 작다. 제주 지역의 강한 바람과 돌이 많은 환경 및 기후풍토에 잘 적응해 체질이 강건하며 번식력이 강한 것이 특징

자리돔 돔장

단백질과 칼슘이 풍부

재료

- 제주 자리돔 5마리
- 검은콩 100g
- 된장 1큰술
- 청장 4큰술
- 청주 2큰술
- 생강즙 2큰술
- 마늘즙 2큰술
- 소금 · 후추 약간씩
- 물 1.5L

멸치육수_ 파 1대, 마늘 3톨, 다시마 1장, 건청양고추 5개, 멸치 30g, 새우 20g

만드는 법

1 자리돔은 잘 손질해서 칼집을 적당히 넣은 후 청주, 생강즙에 재운다.

2 검은콩은 너무 무르지 않게 삶는다.

3 다시마를 찬물에 넣고 물이 끓으면 다시마를 건져내고 멸치육수 재료를 넣어 30분 정도 끓인 후 체에 밭쳐 육수를 준비한다.

4 자리돔에 검은콩을 넣고 육수를 붓고 끓이다가 마늘즙, 된장과 청장으로 간을 한다.

알아보기

- 자리돔은 자연산으로 강회, 젓갈, 구이, 조림 등으로 활용한다.

재래돼지 몸국

칼슘 풍부, 저칼로리로 다이어트에 도움

재료

- 돼지등뼈 2kg
- 몸(모자반) 200g
- 메밀가루 1컵
- 무 1/2토막
- 통후추 1큰술
- 대파 1대
- 마늘 6톨
- 소주 2컵

양념_ 마늘 1큰술, 고춧가루 2큰술, 청장 6큰술, 소금 1작은술

만드는 법

1 돼지등뼈는 핏물을 뺀 뒤 냄비에 물, 소주를 넣고 물이 끓으면 물은 버리고 찬물에 헹구는 과정을 2회 반복한다.

2 ①의 돼지등뼈에 향채를 넣고 5시간 정도 푹 끓인다.

3 고기 살은 발라서 준비하고 등뼈 육수에 토막 낸 무를 넣고 30분 정도 더 끓인 후 무는 건져내고 육수를 준비한다.

4 불린 몸은 찬물이 나올 때까지 깨끗이 씻는다.

5 등뼈 육수에 발라놓은 고기살, 몸을 넣고 흐물흐물해질 때까지 푹 끓인다.

6 ⑤의 과정에 고춧가루, 마늘, 메밀가루를 잘 풀어 넣고 한 번 더 김을 낸 후 청장, 소금으로 간한다.

알아보기

- 몸국은 오래 끓이면서 간을 하지 않는데, 소금기가 많으면 국물과 건더기가 삭기 때문이다.

영양 듬뿍

제주흑우 간랍

단백질, 지질, 무기질 등이 풍부, 병후 기력 회복에 효과

재료

- 쇠간 200g
- 허파 200g
- 메밀가루(녹말가루) 1컵
- 밀가루 1컵
- 달걀 8개
- 간장 2큰술
- 청주 1/2컵
- 후추 1/2작은술
- 소금 2큰술
- 참기름 1큰술

만드는 법

1 쇠간은 얇은 막을 벗기고 찬물에 헹군 뒤 핏물을 빼고 0.3cm 두께로 썰어서 소금으로 살살 비벼 씻는다.

2 쇠간의 물기를 빼고 간장, 후추, 참기름으로 밑간한다.

3 허파는 힘줄을 떼고 깨끗이 씻어 끓는 물에 청주를 넣고 충분히 삶는다.

4 삶은 허파는 0.3cm로 썰어 간장, 후추, 소금, 참기름으로 양념한 후 밀가루, 달걀물을 씌운다.

5 팬을 달군 후 기름을 두르고 약불에서 허파를 지진다.

6 간은 메밀가루를 묻혀 노릇노릇하게 지진다.

알아보기

- 허파는 꼬챙이로 찔러 핏물이 나오지 않을 때까지 완전히 삶는다.

영양을 가득 품은

푸른콩장비빔소스

푸른콩은 단맛이 강하고 피를 맑게 하며 암세포를 억제하고 피부를 맑게 해줌

재료

- 푸른콩된장 4큰술
- 청양고추 4개
- 올리고당 1큰술
- 매실액 2큰술
- 들기름 3큰술
- 다진 양파 2큰술
- 다진 쪽파 2큰술
- 다시마 채수 4큰술
- 멸치가루 1/2작은술
- 표고버섯가루 1/2작은술
- 우엉가루 1/2작은술

비빔채소_치커리, 당귀잎, 깻잎 등

만드는 법

1 청양고추와 양파는 곱게 다지고 쪽파는 송송 썬다.

2 비빔채소는 곱게 채썰거나 손을 이용해서 먹기 좋은 크기로 뜯는다.

3 푸른콩된장을 비롯한 소스 재료를 모두 넣고 잘 섞는다.

4 비빔채소와 밥을 곁들여 낸다.

알아보기

- 푸른콩장은 메주를 만들지 않고 바로 장을 담근다.
- 7~8월에는 콩잎쌈으로, 가을에는 콩잎장아찌로 먹는다.

눈으로 먹고 약으로 먹는

산물정과

열매의 껍질에 약간의 돌기가 있는 것이 특징.
감기로 인한 기침, 가래 등에 껍질을 약재로 사용

재료

- 건조 산물 50g(불린 후 무게 200g)
- 설탕 100g
- 조청 2큰술

만드는 법

1 건조 산물을 충분히 불린 후, 물기를 꼭 짜고 불린 물은 버리지 않고 준비한다.

2 냄비에 불린 산물, 설탕을 넣고, 산물이 잠길 만큼 불린 물을 부어서 끓인다.

3 끓기 시작하면 중약불로 낮추고, 국물이 반쯤 졸아들면 조청을 넣어 다시 반이 될 때까지 조린다.

4 조린 산물을 채반에 넣어 꾸덕하게 말린다.

알아보기

- 요즘 약재로 쓰이는 진피는 산물 껍질을 일컫는 것으로, 쌀뜨물에 담갔다가 말려서 차로 끓여 마셔도 좋다.

톳장아찌

무기질과 철, 식이섬유가 풍부하며 칼로리가 낮아 성인병과 비만 방지에 좋은 식품

재료

• 염장톳 500g   • 청양고추 3개   • 홍고추 2개

소스_ 간장 1컵, 설탕 1/2컵, 식초 1/2컵, 소주 1/2컵, 채수 1/2컵, 건표고버섯 2개

만드는 법

1 염장톳은 찬물에 3~4회 헹군 뒤 차가운 물에 30분 정도 담가 짠 기운을 없앤 후에 건진다.
2 팔팔 끓는 물에 톳을 넣어 살짝 데친 후 찬물에 헹군 뒤 먹기 좋은 크기로 자른다.
3 청양고추와 홍고추는 송송 썬다.
4 소스는 설탕이 녹을 정도로 한소끔 끓인 후에 식힌다.
5 손질한 톳과 청양고추, 홍고추를 통에 담고 소스를 부어준다.
6 2~3일간 숙성한 후 냉장 보관한다.

알아보기

• 톳을 불릴 때 식초를 첨가하면 비린 맛을 제거하는 효과가 있다.

노란 색상, 새콤달콤한 맛에 두 번 반하는

제주댕유자젤리

가정에서 감기치료 및 예방용으로 사용

재료

- 물 50mL
- 펙틴 1g
- 레몬즙 50g
- 댕유자청 40mL
- 젤라틴 20g
- 설탕 60g
- 물엿 30g
- 전분 2g
- 트리몰린 15g

만드는 법

1 물에 젤라틴을 넣고 잘 풀어준 후 불에 올려 젤라틴을 녹인 뒤 불을 끈다.

2 녹인 젤라틴에 댕유자청, 물엿, 트리몰린을 넣어 잘 섞고 설탕에 펙틴, 전분을 넣고 잘 섞은 후 함께 넣는다.

3 불을 켠 뒤 레몬즙을 넣고, 끓기 시작하면 불을 끈 후 몰드에 부어서 굳힌다.

알아보기

- 댕유자수제청
  1. 댕유자의 과육을 분리해 믹서기에 갈아준다.
  2. 껍질의 흰 부분은 도려내고 곱게 채로 친다.
  3. 댕유자과육과 채썬 껍질을 섞어서 동량의 설탕에 버무린 후 소독한 병에 넣는다.

술안주 및 손님초대 요리로 훌륭한

재래돼지육전

단백질과 아연, 아미노산 등 각종 영양소가 함유되어 기력 회복에 좋음

재료

• 돼지고기 안심살 100g   • 녹말 1/2컵   • 식용유 3큰술

돼지고기 안심살 양념_간장 1큰술, 설탕 1/2큰술, 맛술 1/2큰술, 마늘 1큰술, 생강즙, 참기름 1/2큰술, 후추

곁들임 채소_부추 50g, 양파 1/4개

겨자소스_연겨자 1큰술, 식초 3큰술, 설탕 2큰술, 물 2큰술, 깨소금 1/2큰술, 다진 마늘 1큰술, 간장 1큰술, 참기름 1/2큰술, 소금 1/2작은술

만드는 법

1 돼지고기는 육전용으로 얇게 썬 후 양념에 15분간 재운다.

2 부추는 5cm로 자르고 양파는 곱게 채썰어 차가운 물에 담갔다가 건져서 물기를 제거한 후에 섞는다.

3 겨자소스는 덩어리지지 않게 잘 푼다.

4 고기에 녹말가루를 묻혀 기름을 넉넉히 두르고 전을 부친다.

5 접시에 돼지고기육전과 채소를 돌려 담고 겨자소스를 곁들여 낸다.

알아보기

• 재래돼지는 질병에 대한 저항력이 강하며 환경변화에 대한 적응능력도 좋고 고기의 질이 우수하고 맛이 좋아 식용으로 사용되었으나 외국 개량종이 많이 들어오게 되면서 순수한 재래돼지는 찾아보기 어려워졌다.

구억배추찜

수분함량이 높아 이뇨작용을 도와주며 열량은 낮고
식이섬유의 함유량이 높아 장의 활동을 도와 변비에 좋음

재료

- 구억배추 1/4포기
- 대패삼겹살 200g
- 콩나물 200g
- 미나리 50g
- 백일송이버섯, 애느타리버섯, 팽이버섯 각 1/4팩씩

소스_ 간장 1/2컵, 맛술 1/2컵, 레몬즙 3큰술, 식초 1큰술, 양파 1/4개, 청양고추 2개, 홍고추 1/2개

만드는 법

1 구억배추는 4등분하고, 미나리는 다듬어 씻어 5cm 길이로 자르고 버섯은 가닥을 뗀다.

2 배추 사이사이에 삼겹살과 각종 채소를 채워 넣는다.

3 찜솥에 물이 끓으면 찜기에 삼겹살을 얹어 12분간 찐다.

4 홍고추와 청양고추는 씨를 뺀 뒤 곱게 다지고, 양파도 다져서 재료를 잘 섞어 소스를 만든다.

5 배추찜에 소스를 곁들이거나 뿌려서 낸다.

알아보기

- 구억배추는 배춧잎이 일반 배추보다 2배 가까이 길고 배춧잎 크기도 크며 섬유질이 많아서 김치가 쉽게 무르지 않는다.

바다를 품은

전복우엉해물잡채

각종 해물을 넣어 영양도, 맛도, 보기도 일품

재료

- 전복 2마리
- 우엉 200g
- 새우 5마리
- 오징어 1/2마리
- 양파 1/4개
- 청고추 1개
- 홍고추 1개
- 소금 1작은술

양념_ 간장 3큰술, 설탕 1큰술, 조청 2큰술, 참기름 1큰술

만드는 법

1 전복은 솔로 문질러 씻고 내장을 제거한 후 살짝 데친다.

2 오징어는 내장을 제거하고 껍질을 벗긴 후 칼집을 넣어 먹기 좋은 크기로 자른 뒤 살짝 데친다.

3 새우는 데쳐서 껍질을 벗긴다.

4 우엉은 껍질을 깨끗이 씻은 후 채썰어 끓는 물에 2분간 데친 후 간장, 설탕, 조청을 넣어 조린다.

5 양파도 채썰어 기름 두른 팬에 소금을 넣고 투명하게 볶은 후에 식힌다.

6 청고추와 홍고추도 씨를 제거한 후 곱게 채썰어 기름 두른 팬에 소금을 넣고 살짝 볶는다.

7 모든 재료를 볼에 담고 참기름을 넣어 잘 버무린 후 접시에 보기 좋게 담는다.

알아보기

- 전복은 수세미나 솔로 문질러 이물질을 제거하고 숟가락으로 껍데기와 분리한 후 내장과 이빨 부분도 제거(내장의 쓴맛 제거, 전복죽이나 내장 젓갈로 이용)한다. 광택 있고 탄력 있는 것으로 구입한다.

톳나물무침

무기질과 식이섬유가 풍부한 바닷속의 영양 해조류

재료

• 톳 200g   • 양파 1/5개   • 대파 5cm   • 청홍고추 1개씩

양념장_ 매실청 1큰술, 깨소금 1큰술, 다진 마늘 1큰술, 조청 1큰술, 식초 1큰술, 된장 1작은술,
고추장 1작은술, 참기름 1큰술

만드는 법

1 톳은 여러 번 깨끗이 씻어준 다음 끓는 물에 10초간 데친 후 찬물에 헹군다.

2 톳은 물기를 뺀 다음 3cm 정도로 자른다.

3 대파, 홍 · 청고추는 2cm 길이로 곱게 채썬다.

4 볼에 톳을 담고 ③을 넣어 골고루 섞은 다음 양념장으로 무쳐서 접시에 담아낸다.

알아보기

• 다른 해조류(꼬시래기, 파래, 모자반) 등도 같은 방법으로 무쳐도 된다.

톳무밥

탈모 예방, 빈혈 예방 및 개선

재료

- 톳 100g
- 무 20g
- 쌀 1컵
- 다시마(10×10cm) 1장
- 물 1컵

양념장_양파 1/6개, 청·홍고추 1/2개씩, 다진 마늘 1큰술, 쪽파 1뿌리, 진간장 3큰술, 청장 1큰술, 식초 1큰술, 조청 1큰술, 통깨 1큰술, 고춧가루 1큰술, 들기름 2큰술

만드는 법

1 쌀은 30분 정도 불린다.
2 톳은 끓는 물에 데친 다음 3cm 정도로 짤막하게 썰고 무는 3cm 길이로 굵직하게 채썬다.
3 밥솥에 쌀을 안치고 톳, 무, 다시마를 얹어 밥을 짓는다.
4 고슬고슬하게 지어진 톳무밥과 양념장을 곁들여 낸다.

알아보기

- 톳, 무에서도 물이 나오기 때문에 물의 양을 적게 잡는다.

자리돔찜

불포화 지방산과 칼슘성분이 풍부해서 눈 건강에 좋음

재료

• 자리돔(5마리) 300g   • 무 50g   • 구기자 10g

양념장_마늘 3개, 정종 3큰술, 다진 대파 1큰술, 양파 1/4개, 고운 고춧가루 1큰술, 청장 3큰술,
　　　물 1컵, 청양고추 2개

만드는 법

1 자리돔은 비늘을 긁어내고 아가미로 내장을 제거한다.

2 대파는 어슷썰고, 양파는 채썬다.

3 무는 4×2×1cm로 썬다.

4 냄비에 무, 물 1컵, 양념장 1큰술을 넣고 끓이다가 무가 익으면 손질한 자리돔을 넣고 중불에서 익힌다.

5 ④에 구기자와 나머지 양념장을 넣고 국물을 끼얹어 가며 3분간 중불에서 조린 다음 접시에 담고 조려진
　구기자를 고명으로 얹어 담아낸다.

알아보기

• 자리돔 된장물회에 제피잎을 넣어 먹어도 별미이며 젓갈로도 별미다.

쫀득쫀득 씹히는 맛이 일품인

오분자기 물회

세포재생, 빈혈 · 골다공증 예방

재료

• 오분자기 300g　　• 오이 1/2개　　• 배 1/2개　　• 양파 1/4개
• 당근 1/4개　　　• 깻잎 5장

채수_ 표고버섯 3개, 다시마 1장, 사과 1/2개, 건청양고추 10g, 무 1/4개, 양파(중) 1/2개,
　　　구운 대파 1대, 물 800mL
양념_ 고춧가루 1큰술, 고추장 3큰술, 식초 3큰술, 생강즙 1큰술, 조청 2큰술, 액젓 1큰술,
　　　다진 마늘 1큰술

만드는 법

1 냄비에 채수 재료를 넣고, 끓기 시작하면 다시마를 건져내고 중불에서 30분 정도 끓인 후, 체에 밭쳐서
　채수물을 준비한다.
2 채수에 양념을 잘 섞은 후 냉동실에서 살얼음으로 얼린다.
3 오분자기는 솔로 문질러 씻은 다음 내장, 이빨을 분리하고 편으로 썬다.
4 오이, 배, 양파, 당근은 5cm로 채썰고 깻잎은 돌돌 말아 채썬 뒤 찬물에 담근다.
5 그릇에 4를 돌려 담고 편으로 썬 오분자기를 올려 담는다.
6 오분자기에 살얼음으로 얼려둔 2를 붓는다.

알아보기

• 계절에 따라 무, 사과 등을 사용해도 된다.

탕평채

우뭇가사리는 저칼로리식품으로 비만 예방

재료

- 우뭇가사리 100g
- 물 2L
- 소금 1작은술
- 식용유 2큰술
- 배추김치 1줄기
- 돼지고기 50g
- 숙주 한 줌
- 앉은뱅이 밀가루 1큰술
- 미나리 5줄기
- 달걀 1개
- 김 1/4장
- 실고추 조금

양념장_ 진간장(3) : 식초(2) : 설탕(1)

만드는 법

1 우뭇가사리를 깨끗이 씻어서 물을 넣고 중불에서 2시간 끓인다.

2 불을 끄고 차가운 틀이나 용기에 부어 굳힌다.

3 배추김치는 채썰어 볶는다.

4 돼지고기를 2×5cm로 썰어서 진간장, 참기름, 후추로 밑간하여 밀가루를 묻혀서 팬에 지진다.

5 숙주는 데쳐서 물기를 뺀 뒤 소금, 참기름으로 무친다.

6 미나리 줄기는 소금물에 데친 후 물기를 없애고 4~5cm 길이로 썰어 소금, 참기름으로 무친다.

7 김은 구워서 잘게 부순다.

8 황 · 백지단을 부쳐 5cm 길이로 채썰어 둔다.

9 차게 식혀둔 묵을 한입 크기로 썰어서 소금, 참기름으로 무친다.

10 완성접시에 묵은 중간에, 다른 재료들은 색깔을 맞추어 돌려 담은 후 김가루, 황 · 백지단채, 실고추를 얹어 낸다.

알아보기

- 우뭇가사리를 끓일 때 식초를 한 방울 넣으면 묵 끓이는 시간을 단축할 수 있다.

연초록색의 달걀모양

푸른콩전

푸른콩은 발효될 때 황산화물질인 이소플라본이 일반콩에 비해 많이 생성됨

재료

- 푸른콩 100g
- 부추 50g
- 팽이버섯 50g
- 당근 50g
- 두유 1컵
- 소금 1큰술

만드는 법

1 마른 콩은 5시간 이상 불린다.

2 당근, 양파, 팽이, 부추는 0.5cm 크기로 다진다.

3 불린 콩은 두유 1컵을 넣고 믹서기에 간다.

4 볼에 준비한 모든 재료와 갈아놓은 콩, 소금을 넣어 반죽한다.

5 팬에 기름을 두르고 한 수저씩 떠서 부쳐낸다.

알아보기

- 푸른콩은 다른 콩에 비해 삶았을 때 단맛이 높고 찰지다.
- 푸른콩잎도 은은한 단맛이 있어 쌈용, 절임용 등으로 구분해서 쓴다.
- 부드러운 식감과 단맛이 있어 콩고물, 콩밥으로도 즐겨 먹는다.

곡물 발효음료로 만든

순다리고추장

체내 유해균 증식을 억제하고 장을 깨끗하게 청소해 줌

재료

- 고운 고춧가루 2컵
- 청국장가루 2큰술
- 찹쌀가루 1컵
- 조청 1/2컵
- 국간장 1큰술
- 청주 1/2컵
- 소금 2큰술
- 순다리 2컵(밥 200g, 누룩 200g, 물 3컵)

만드는 법

1 순다리, 조청, 소금, 찹쌀가루, 물 1컵을 넣어 바글바글 끓인 후 식혀준다.

2 고운 고춧가루, 청국장가루를 넣고 잘 풀어준 후 청주로 농도를 조절한다.

알아보기

- 누룩과 밥을 섞은 후 골고루 잘 으깨서 24~48시간 저어주면서 발효시킨다.

- 체에 걸러서 준비한다.(밥알은 믹서에 갈아서 사용해도 된다.)

뽀얀 국물을 자랑하는

다금바리지리맑은탕

고단백 생선으로 입맛을 살리고 원기를 회복시킴

재료

- 다금바리 1/4마리
- 무 1/6개
- 미나리 50g
- 대파 1/2대
- 청양고추 2개
- 홍고추 1개
- 해물육수 5컵
- 국간장, 소금, 다진 마늘 1작은술

해물육수_ 다시마 10×10cm 1장, 북어머리 1개, 무 1/5개, 건해물(홍합, 디포리, 멸치 등) 1컵, 고추씨 1/4컵, 대파 1/2대

만드는 법

1 다금바리는 비늘을 제거하고 6cm 크기로 자른다.

2 무는 얇게 썬다.

3 대파, 청양고추, 홍고추는 어슷썬다.

4 미나리는 5cm 크기로 자른다.

5 해물육수 4컵을 넣어 센 불에서 끓으면 약불로 줄이고 다금바리를 넣어 끓인다.

6 다금바리가 익으면 얇게 썬 무를 넣어 익힌다.

7 무가 어느 정도 익으면 국간장, 소금으로 간을 하고 대파, 청양고추, 홍고추, 미나리를 넣는다.

알아보기

- 다금바리는 비린내가 나지 않도록 지느러미, 비늘, 아가미, 뼈에 고인 피를 깨끗이 제거하고 여러 번 헹궈야 한다.

전라도는 온대 계절풍 기후에 비교적 사계절이 뚜렷하다. 호남평야와 나주평야에서는 기름지고 질 좋은 미곡이, 내륙산지와 고원에서는 대륙성을 띤 맛있는 고랭지 작물이 생산된다. 해산물, 산채 등을 많이 이용하므로 다른 지방에 비해 음식의 종류가 다양하며 정성이 많이 들어가고 풍성한 편이다. 부유한 양반들이 많아 가문의 좋은 음식이 대대로 전수되는 곳이 많다. 음식의 맛이 뛰어나고 특이한 해산물과 젓갈이 많으며 기후가 따뜻해서 젓갈류, 고춧가루, 양념을 많이 쓴다. 이러한 식문화 특성을 지닌 전라도 지역의 맛의 방주 등재품목과 그 특징을 알아보자.

장흥돈차

자생찻잎을 채취해 하루 정도 햇빛에 말린 후 가미솥에 쪄서 만들고 찐 찻잎을 절구에 빻아 동그란 덩어리로 만들어 햇빛에 말린 후 가운데 구멍을 뚫어 발효시킨 차

토하

손톱 크기의 연한 회색빛을 띠며 지역에 따라 맛 차이가 난다. 흙과 물이 맛을 좌우한다.

담양토종배추

일반배추보다 2배 정도 길며 병충해와 기후 변화에 강해 김치를 담그면 3년 정도 저장할 수 있다.

감태지

겨울 해조류인 감태로 만든 김치이다.

낭장만멸치

남해안 해역에서 전통적인 멸치잡이 방식인 낭장망 잡이로 얻은 멸치이다.

지주식 김

'해태'라고 불리는 해조류를 전통적인 지주식 방식으로 생산한 김이다.

제비쑥떡

서리가 내린 것 같아 서리쑥이라 불리는 하얀 쑥으로 멥쌀을 넣어 만든 떡. 떡 중에서 제일 맛있는 떡으로 나주 어르신들의 기억에 남아 있다.

보림백모차

덩어리로 만든 차를 불에 잠깐 구워 뜨거운 물에 우려 마신다.

꼬마찰

무안 지역에서 재배되는 간식용 풋옥수수. 일반 옥수수에 비해 절반 정도 작지만 단단한 조직감으로 찰기가 높다.

낭도장콩

재래종 메주콩으로 알이 작고 납작하다. 고소한 맛이 아주 강하다.

갓끈동부

긴 꼬투리 모양의 갓끈과 흡사하다 하여 붙여진 이름으로 서양의 그린빈처럼 열매가 단단해지기 전에 꼬투리째 삶아 먹는다.

바위옷

초록색 이끼 모양을 하고 있으며 바위가 옷을 입은 것처럼 붙어 있어서 붙인 이름이다.

영암어란

참숭어의 알을 두 달 이상 해풍에 말려 조선간장과 참기름을 발라 만든다. 시간이 오래 걸리고 만드는 방법이 까다롭다.

명산오이

곡성군 명산 지역에서 오랫동안 심어온 재래종 오이. 짧고 통통하며 맛과 향이 진하다.

신안토판염

흙이나 갯벌에서 만든다는 뜻이며 무기질이 많고 소금의 짠맛이 덜하다.

비로약차

비자나무숲에서 이슬을 먹고 자라난 것으로 동전모양이다.

먹시감식초

먹시감이 홍시가 되기 전에 수확해서 담는다. 씨알은 작고 당도가 높으며 탄닌 성분이 많다.

파라시

음력 8월에 나오는 홍시라 해서 붙여진 이름으로 씨가 별로 없고 먹으면 입맛이 개운하고 입안에서 사르르 녹는다.

황포

황녹두로 만들어 묵을 쑤는 것으로 비빔밥 위에 올리기도 하고 제사와 경사가 있을 때 쑨다.

고종시

고종 임금에게 진상해 극찬받은 토종 감으로 자연건조를 고집하고 있다.

마름묵

먹음직스러운 큰 열매가 있는 물풀로 마름 열매를 곱게 간 뒤 물에 담가 앙금만 모아 끓여서 만든 묵이다.

칠게젓갈

칠게는 가을에 최상의 맛으로 고추, 마늘 등 각종 채소양념을 넣고 곱게 간 다음 저염과 고춧가루를 섞어서 사나흘 숙성시킨 것이다.

우슬식혜

우슬은 무릎 아픈 데 특효가 있으며 식혜 달인 물에 섞어 마시기 좋게 했다. 무릎과 다리 아픈 농촌 어른들에게 좋다.

대갱이

대갱이는 한번 맛본 사람은 그 맛을 잊지 못한다. 북어맛이 나며 웅크린 모양을 본떠서 만든 이름이다.

벚굴

일반 굴보다 크며 크기에 비해 속살이 야무지지 않아 벙이라고도 한다. 식감은 부드럽고 달달한 감칠맛이 있다.

쥐치

색과 모양이 쥐를 닮았으며 예전에는 가죽이 질겨서 껍질은 사포로 쓰였으나 포를 만들어 먹기 시작하면서 대중화되었다.

마이산청실배

마이산 은수사에 일반배와 달리 푸른색을 띠고 있으며 돌배나무 중 특히 맛 좋은 열매가 달리는 나무만 골라 심어져서 불리는 이름으로 천연기념물이다.

낭장망멸치칩

멸치는 칼슘이 풍부한 고단백 식재료로 단백질 구성 성분 중에
'이노신산'이 감칠맛과 시원한 맛을 냄

재료

• 낭장망멸치 150g   • 아몬드 슬라이스 30g

소스_ 올리고당 60mL, 버터 15g, 물 60mL, 설탕 50g, 꿀 1큰술

만드는 법

1 낭장망멸치는 청주에 5분 정도 담갔다가 건져서 물기를 제거한다.
2 소스 재료를 냄비에 담고 바글바글 끓인 후, 준비해 둔 낭장망멸치와 아몬드 슬라이스를 넣고 버무린다.
3 건조기에 펼쳐 70℃에서 바짝 건조한다.

알아보기

• 낭장망멸치는 가까운 해역에서 잡아 산 채로 소금을 조금 넣어 신선도가 유지될 때 삶기 때문에 짜지 않
  고 비리지 않아 고소한 맛이 난다.

갯냄새의 독특한 향을 품은

바위옷묵밥

바위옷묵은 그 맛이 찰지고 단단하며 갯냄새의 향을 지니고 있음

재료

- 바위옷묵 200g
- 달걀 1개
- 익은 김치 2쪽(참기름 1/2큰술, 마늘 1/2작은술, 진간장 1/2작은술)
- 김가루 적당량
- 깨소금 1작은술

육수_ 멸치 30g, 다시마 1장, 무 50g, 대파 1대, 국간장 1큰술, 까나리액젓 1큰술

만드는 법

1 육수 재료를 모두 넣고 물 1L를 부어준 후 15분간 끓인 뒤 면포에 걸러서 간한다.

2 바위옷묵을 먹기 좋은 크기로 썬다.

3 익은 김치는 송송 썬 후 양념한다.

4 달걀은 황·백지단을 부쳐서 채썬다.

5 그릇에 바위옷묵을 담고, 양념해 둔 김치를 얹은 후 황·백지단, 김가루를 고명으로 얹고 깨소금을 얹은 후 육수를 부어 낸다.

알아보기

- 바위옷묵 쑤는 법 : 말린 바위옷을 자근자근 두드려 모래를 없애고 깨끗하게 씻은 후 바위옷이 잠길 만큼의 물을 부어 반 정도로 줄어들면 윗물만 조심스럽게 틀에 부어 굳힌다.

영암어란간장비빔국수

부드러운 짠맛과 고소한 단맛, 미세한 비린 맛
그리고 약간 쓴맛까지 오묘한 맛을 즐길 수 있음

재료

- 소면 200g
- 어란 파우더 30g
- 미나리 50g
- 표고버섯 2개
- 소금 약간
- 숙주나물 50g
- 참기름 1큰술
- 간장 1작은술

소스_ 진간장 1큰술, 참기름 2큰술, 포도씨유 1큰술, 청주 2큰술, 설탕 1큰술, 식초 1큰술, 마늘 1작은술

만드는 법

1 표고버섯은 채썬 뒤 간장, 참기름으로 밑간하여 볶는다.

2 미나리는 살짝 데쳐서 5cm 길이로 자른 후 참기름과 소금을 넣고 무친다.

3 숙주나물은 머리, 꼬리를 제거하고 끓는 물에 데쳐서 소금과 참기름을 넣고 무친다.

4 소스 재료는 덩어리 없이 잘 풀어준다.

5 소면은 끓는 물에 삶아서 찬물에 헹군 후 참기름에 버무린다.

6 소면, 미나리, 표고버섯, 숙주나물을 잘 섞은 뒤 소스를 넣고 버무린 후 접시에 담아 어란 파우더를 뿌려 낸다.

알아보기

- 영암 어란은 조선시대에 남도를 대표하는 진상품으로 귀한 대접을 받았다. 벚꽃이 지고 아카시아가 필 무렵인 4월 말부터 5월까지 바다에 서식하는 숭어가 알을 낳으러 가는 이 시기에만 채취할 수 있으며 채취한 알은 핏줄까지 깨끗하게 손질한 후 간장과 참기름을 덧칠하거나, 소금에 염장한 후 술을 덧발라 가면서 건조시킨다.

비자나무 이슬을 머금은

비로약차젤리

집중력 향상 및 변비, 소화에 좋은 차

재료

• 비로약차 2큰술(물 600g) • 설탕 40g • 곤약 10g

만드는 법

1 비로약차에 따뜻한 물을 부어 진하게 우린다.

2 설탕과 곤약을 잘 섞는다.

3 우린 비로약차를 냄비에 부은 후 ②를 넣고 끓기 직전까지 데운다.

4 틀에 부어 굳힌 후 차갑게 보관한다.

알아보기

• 비자나무 숲에서 자란 차나무에서 채취한 찻잎에 7가지 약재를 넣어 만든 차이다.

파라시요플레

음력 8월에 나오는 홍시여서 붙여진 이름이며
씨가 별로 없고 먹은 뒤에 입안이 개운해짐

재료

- 파라시 1/2개
- 블루베리 5개
- 요플레 100g
- 곶감 1/5개
- 아몬드 슬라이스 1큰술

만드는 법

1 파라시는 체에 밭친 뒤 씨방을 없앤다.

2 아몬드 슬라이스는 팬에 살짝 볶는다.

3 컵에 요플레를 담고, 파라시, 채썬 곶감을 얹은 후 아몬드 슬라이스와 블루베리를 고명으로 얹어서 낸다.

알아보기

- 예부터 전주 8미가 있는데 파라시가 전주를 대표하는 8가지 맛 중 하나이다.

고종시 곶감샌드

볕에 잘 말린 곶감은 몸을 따뜻하게 하고
장과 위를 두텁게 하며 비위를 튼튼하게 해줌

재료

• 고종시 15개   • 호두 30개   • 크림치즈 200g

만드는 법

1 고종시는 한쪽 면을 잘라 넓게 펼친다.

2 호두는 끓는 물에 살짝 데쳐 160℃의 오븐에서 7분간 굽는다.

3 크림치즈는 잘 풀어준다.

4 틀에 비닐을 깔고 고종시, 호두, 크림치즈 순서로 꼭꼭 눌러 담는다.

5 냉동실에 살짝 얼렸다가 칼로 잘라 접시에 담는다.

알아보기

• 감을 말릴 때 기계식 훈풍건조보다 직사광선을 피하고 오직 자연바람으로 건조해야 제맛을 내고 겉과
  속이 비슷하게 된다.

• 고종시로 곶감. 감말랭이. 감식초. 수정과 등을 만들 수 있다.

여름엔 딱이야

돈차 물김치

덩이차의 하나로 삼국시대부터 근세까지
전남 장흥과 남해안 지방을 중심으로 존재했던 전통 발효차

재료

- 돈차 1덩이
- 백오이 1개
- 대파 1뿌리
- 양파 1/2개

- 알배기 배추 2포기
- 쪽파 5줄기
- 밀가루풀 1컵
- 물 8컵

- 청 · 홍고추 1개씩
- 소금 1컵
- 사과 1개

- 배 1개
- 액젓 2큰술
- 무 1/6개

다시팩_고추씨 한 줌, 생강 1톨, 마늘 한 줌, 다시마 1장

만드는 법

1 알배기 배추는 소금물에 2시간 절인 다음 뒤집어서 1시간 더 절인 뒤 씻어서 물기를 뺀다.

2 물 8컵에 다시 팩과 대파를 넣고 중불에서 30분 끓인 다음 식혀서 돈차를 넣고 2시간 정도 우린다.

3 돈차 우린 물에 밀가루풀 1컵, 배즙 1/2컵, 액젓으로 간하여 국물을 완성한다.

4 배, 사과는 편썰고, 무, 양파, 홍고추, 청고추, 쪽파도 채썰어 모두 섞는다.

5 백오이는 길이로 4등분하여 씨를 긁어내고 4cm로 썰어서 소금물에 10분간 절인 다음 건진다.

6 절인 배추 사이에 소를 켜켜이 넣은 다음 김치통에 백오이를 넣고 국물을 부어 완성한다.

알아보기

- 우려낸 돈차는 건져내도 되지만, 찻잎이 덩이진 채로 있기 때문에 젓가락으로 풀어서 그냥 먹어도 좋다.

토하볶음

토하는 맑은 1급수에서 서식하는 민물새우로,
손톱 크기 정도에 연한 회색빛을 띤 것이 특징

재료

- 민물새우 100g
- 청 · 홍고추 각 1개씩
- 양파 1/4개
- 통마늘 3개
- 대파 10cm
- 참기름 1큰술
- 식용유 1큰술

양념_ 고춧가루 1작은술, 액젓 1작은술, 설탕 1큰술, 후추 1작은술

만드는 법

1 새우는 여러 번 씻는다.
2 양파는 1cm로 굵게 채썰고, 대파는 3cm로 어슷썰고 청 · 홍고추는 송송 썬다.
3 달군 팬에 식용유를 두르고 통마늘, 새우를 볶는다.
4 볶은 새우에 ②와 양념을 넣고 한 번 더 볶은 후 참기름을 넣어 마무리한다.

알아보기

- 봄, 가을에 잡아서 탕으로도 먹지만, 젓갈로 담가 김치용으로 많이 이용하고 있다.

해초감태 녹두밥

매생이보다 굵고 파래보다 가늘며 녹색이 선명한 것이 특징

재료

- 감태 2장
- 모둠해초 100g
- 두부 1/4모
- 쌀 1/2컵
- 녹두 1컵
- 찹쌀 1/4컵
- 식초 5큰술
- 참기름 1큰술
- 진간장 1큰술
- 식용유 1큰술
- 깻잎 5장

양념장_ 진간장 2큰술, 연겨자 1큰술, 올리고당 1큰술

만드는 법

1 불린 녹두, 쌀, 찹쌀을 넣고 동량의 물을 붓고 센 불에서 끓이다가 김이 오르면 약불로 줄여 밥을 짓는다.

2 해초는 끓는 물에 식초를 넣고 10초간 데친 뒤 잘게 썬다. 참기름, 청장, 깨소금을 넣고 무친 후 달군 팬
  에 수분이 없어질 때까지 볶는다.

3 두부는 두께와 폭 1cm, 길이는 길게 썰어서 물기를 닦고 달군 팬에 식용유를 두르고 지져내어 키친타월
  로 기름기를 제거한다.

4 김발 위에 감태, 밥을 차례대로 넣고 깻잎을 겹친 다음 해초, 두부를 넣고 말아준다.

5 감태 녹두밥을 썰어 양념장과 곁들여 낸다.

알아보기

- 몸속 백 가지 독소를 해독해 주는 녹두는 찰기가 없으므로 차조 대신 찹쌀로 대체해도 좋다.

우슬식혜 불고기

무릎 아픈 사람에게 특효가 있다 하여 뿌리 삶은 물로 식혜를 만들어 먹음

재료

- 우슬식혜 500mL
- 소고기(등심 불고기용) 500g
- 불린 표고 2장
- 대파 1대
- 당근 1/4개
- 팽이버섯 한 줌

양념_ 진간장 3큰술, 다진 마늘 1큰술, 다진 파 1큰술, 깨소금 1큰술, 참기름 1큰술, 후추 1작은술

만드는 법

1 우슬식혜는 체에 밭친 뒤 소고기에 넣어 30분 정도 재운다.

2 표고버섯은 편썰고 대파는 어슷썰고, 당근은 굵게 채썰고 팽이버섯은 밑동을 자른 후 가닥가닥 뜯는다.

3 재운 불고기는 달군 팬에 반 정도 익힌 후 만들어 둔 양념장을 넣고 볶는다.

4 익힌 불고기에 ②를 넣고 한 번 더 볶은 후에 마무리한다.

알아보기

- 식혜 국물이 달아서 설탕이나 물엿은 넣지 않아도 된다.

두뇌 발달에 좋은 강의 우유

강굴 족편

단백질, 무기질, 비타민, 아미노산, 살아 있는 보약

재료

- 강굴(벚굴) 300g
- 우족 1kg
- 소주 1컵
- 달걀 1개
- 석이버섯 2장
- 실고추 약간
- 실파 2뿌리
- 한천 1큰술
- 물 5L

만드는 법

1 우족은 2시간 정도 담가 핏물을 뺀다.

2 끓는 물에 소주를 넣고, 우족을 튀하여 찬물에 헹군다.

3 냄비에 물과 우족을 넣고 센 불에서 30분간 끓인 후 중불로 낮추어 5시간 이상 달인다.

4 강굴은 껍질에서 굴을 발라내어 소금물로 씻은 다음 물기를 뺀다.

5 달걀은 황·백지단을 부쳐 2cm 길이로 채썬다.

6 석이버섯은 물에 불린 뒤 비벼 씻고 곱게 채썰어 소금, 참기름으로 밑간하여 볶는다.

7 실파, 실고추는 2cm 길이로 썬다.

8 푹 고운 우족은 건져낸 뒤 뼈를 제거한 후에 다진다.

9 남은 육수에 ⑧과 한천 및 강굴을 넣고 걸쭉한 농도가 될 때까지 저어준다.(10분 정도)

10 족편을 틀에 부은 뒤 고명을 고루 펴서 얹고 굳힌 다음 썰어서 담아낸다.

알아보기

- '강에서 나는 굴'이라 하여 '강굴'이라 불림

대갱이 무침

대갱이는 갯벌에서 서식하는 어류로 시력이 퇴화되고 입이 발달하여 기괴한 모양이지만
북어맛이 나고 서민들의 술안주로 사랑받음

재료

• 대갱이(개소갱) 5마리   • 청양고추 1개

양념장_고추장 2큰술, 고춧가루 1큰술, 청주 1큰술, 매실청 1큰술, 배청 1큰술, 생강청 1큰술,
　　　　마늘 1큰술, 깨소금 1작은술, 조청 1큰술

만드는 법

1 대갱이를 두들긴 뒤 청주를 뿌려 부드럽게 해준 후 김이 오른 찜기에 넣고 중불에서 20분 정도 찐다.

2 찐 대갱이를 먹기 좋게 찢어서 마른 팬에 살짝 볶는다.

3 청양고추는 송송 썬다.

4 양념장을 만들어 청양고추를 첨가하여 대갱이를 무친다.

알아보기

• 마른 북어보다 더 건조되었으므로 많이 두들겨야 연해지고 잘 찢어진다.

남도콩비지밥

채소의 소고기인 콩은 갱년기 여성 건강, 치매, 심혈관 건강,
노폐물 배출에 탁월한 효능

재료

- 콩 1컵
- 쌀 1컵

양념장_ 간장 1큰술, 청·홍고추 각 1개, 통깨 1작은술, 참기름 1/2작은술

만드는 법

1 콩을 깨끗이 씻은 후 3배의 물에 8시간 이상 불린다.
2 쌀을 깨끗이 씻은 후 30분간 물에 불린다.
3 믹서기에 콩, 물을 넣고 서걱서걱 거칠게 간다.
4 청·홍고추는 곱게 다져서 양념장을 만든다.
5 쌀에 갈아둔 콩을 얹어 밥을 짓는다.
6 양념장과 함께 낸다.

알아보기

- 돼지고기를 양념한 후 볶아서 올려도 좋다.
- 비지찌개, 전, 빵, 떡, 차 등 다양한 요리에 활용할 수 있다.

오장육부를 편하게

갓끈동부 장아찌

신장, 위장에 매우 좋다고 기록되어 있으며
무기질이 풍부하여 현대인에게 좋은 식재료

재료

- 갓끈동부 500g
- 천일염 1큰술
- 물 1L

절임장_ 간장 1½컵, 설탕 1/2컵, 청(식초) 1/2컵, 청주 1/4컵, 물 2컵

만드는 법

1 갓끈동부는 깨끗이 씻어 가장자리를 2cm 정도 자른 후 먹기 좋은 크기로 썬다.
2 끓는 물에 소금을 넣고 갓끈동부를 데친 뒤 체에 받쳐 물기를 뺀다.
3 절임장을 팔팔 끓인다.
4 갓끈동부를 차곡차곡 그릇에 담은 후 식힌 절임장을 붓는다.

알아보기

- 데친 갓끈동부에 소금, 참기름, 통깨를 넣어 조물조물 무쳐도 맛있다.
- 찌개에 갓끈동부를 넣으면 감칠맛이 난다.

명산오이김치

수분이 풍부해서 여름철 기초대사과정을 돕고 각종 영양성분이 가득가득

재료

- 오이 2개
- 무 1/6개
- 간장 1큰술
- 감자 1개
- 고운 고춧가루 1큰술
- 생강즙 1작은술
- 청 · 홍고추 각 1개
- 청양고춧가루 1큰술
- 물 2컵
- 고구마 1/2개
- 찹쌀가루 2큰술

만드는 법

1 오이는 길이로 3~4등분한 후 십자로 칼집을 내고 소금에 절인다.

2 무는 가늘게 채썬다.

3 감자, 고구마는 껍질을 벗겨 채 친 뒤 물에 담가 전분기를 뺀다.

4 청 · 홍고추는 씨를 빼고 곱게 채썬다.

5 소는 간장과 소금으로 간한 후 생강즙을 넣어 버무린 뒤 오이에 넣어 차곡차곡 통에 담는다.

6 찹쌀풀을 끓여 식힌 후 고춧가루물에 간한 후 통에 붓는다.

알아보기

- 멸치액젓, 새우젓, 마늘즙 등을 사용하면 깊은 맛이 난다.
- 연근가루로 풀을 쒀서 넣으면 오래 물러지지 않고 맛도 좋다.

쥐치 고추장 장아찌

지질이 적어 소화 흡수가 잘되며,
노인이나 병중 병후의 체력 회복에 좋음

재료

- 쥐치 1kg
- 고추장 500g
- 된장 3큰술
- 조청 6큰술
- 생강청 6큰술
- 배청 6큰술

만드는 법

1 쥐치는 말려서 준비한다.

2 물솥에 된장을 풀고 채반을 올려 김이 오르면 쥐치를 얹고 강불에서 25분 정도 찐다.

3 찐 쥐치가 식으면 손으로 적당하게 찢어서 마른 팬에 넣고 살짝 볶는다.

4 볶아진 쥐치에 고추장, 조청, 생강청, 배청을 넣고 버무려서 냉장 보관한다.

알아보기

- 신선한 쥐치를 구매하여 직접 건조해서 사용하면 금상첨화겠지만 반건조쥐치를 사용해도 된다.
- 냉장 보관된 장아찌는 시간이 지날수록 숙성되면서 깊은 맛이 난다.

바위옷 털털이

식이섬유가 풍부해서 변비에 좋으며, 철 성분이 많아 빈혈 예방

재료

• 바위옷 100g   • 찹쌀가루 1컵   • 멥쌀가루 1컵   • 참기름 1큰술

초고추장 양념_고추장 5큰술, 식초 3큰술, 설탕 1큰술

만드는 법

1 바위옷은 잘 다듬어서 깨끗이 씻는다.
2 바위옷에 참기름을 조금 넣고 버무린다.
3 찹쌀가루와 멥쌀가루를 체에 한번 내린다.
4 ③을 바위옷에 충분히 묻힌 뒤 김 오른 찜기에 20분 정도 찐다.
5 고추장, 식초, 설탕을 넣고 초고추장을 만든다.
6 잘 쪄진 바위옷을 접시에 담고 초고추장을 곁들여 낸다.

알아보기

• 거친 바다와 함께했던 고단한 어머니의 거칠고 투박한 손을 닮은 짙은 밤색의 바위옷. 여러 번 씻어도 바위에 붙어 있던 해초를 채취하는 과정에서 묻어 있던 자잘한 모래들이 씹힐 수 있다. 방망이로 자근자근 두들겨서 씻으면 모래를 제거하기가 훨씬 쉽다.

칠게호박조치

혈압을 낮추는 혈관 청소부

재료

- 애호박 1개
- 칠게장 1큰술
- 양파 1개
- 청양고추 2개
- 홍고추 1개
- 대파 1대
- 다진 마늘 1큰술
- 쌀뜨물 1컵
- 청장 1큰술
- 식용유 약간
- 물 1컵

만드는 법

1 애호박 1개를 깨끗이 씻은 뒤 듬성듬성 썰어서 칠게장을 넣고 버무린다.

2 냄비에 기름을 두르고 다진 마늘을 넣고 볶다가 채썬 양파도 볶으면서 쌀뜨물, 물, 애호박을 넣고 청장으로 간을 맞춘다.

3 애호박이 익으면 어슷썬 대파, 청·홍고추를 넣고 한소끔 더 끓이다가 마무리한다.

알아보기

- 고창 자염을 생산하는 사동마을에선 예부터 갯벌에서 일하던 아주머니들이 작은 칠게를 잡아 갈아서 밥 반찬으로 즐겨 먹던 칠게젓갈이다.

호흡기 질환을 책임지는

제비쑥떡 궁중떡볶이

피를 맑게 하고, 간과 담의 열을 내리고
허한 기운을 보호함

재료

• 제비쑥떡 200g   • 쇠고기 30g   • 표고버섯 2개   • 숙주 50g
• 양파 30g   • 당근 20g   • 소금 · 식용유 · 깨소금 · 참기름 조금씩

기름장_ 간장 1작은술, 참기름 1작은술

양념 1_ 청장 1/2작은술, 조청 1작은술, 다진 파 · 다진 마늘 1작은술

양념 2_ 청장 2큰술, 조청 1큰술, 참기름 · 깨소금 1큰술씩

만드는 법

1 제비쑥떡을 끓는 물에 살짝 데친 후 찬물에 헹궈서 간장, 참기름에 밑간한다.

2 숙주는 데친 후 소금, 참기름으로 밑간하고, 당근, 양파를 채썬 후 소금간 하여 볶는다.

3 고기는 굵게 채썰고 표고는 편 썬 뒤 양념1을 넣어 볶는다.

4 큰 볼에 준비한 모든 재료를 넣고 양념2를 넣고 버무려서 담아낸다.

알아보기

• 맵지 않아 어린이들도 즐겨 먹을 수 있다.

• 제비쑥떡은 팬에 살짝 지져 조청이나 꿀과 함께 곁들여 먹어도 좋다.

꼬마찰죽

피부 건강, 다이어트, 심신, 진정, 항암에 효능 있음

재료

- 꼬마찰 1컵
- 팥 1/2컵
- 쥐눈이콩 1/2컵
- 옥수수 수염차 5컵
- 소금 1작은술

만드는 법

1 압력솥에 꼬마찰을 무르도록 삶는다.

2 팥은 물이 끓으면 첫물은 버리고, 다시 물을 붓고 삶는다.

3 쥐눈이콩도 무르게 삶는다.

4 삶은 꼬마찰, 팥, 쥐눈이콩의 각각 1/2에 옥수수 수염차를 넣어 믹서기에 갈고, 나머지 반은 그대로 사용한다.

5 옥수수 수염차에 4를 넣고 끓여서, 소금으로 간하여 마무리한다.

알아보기

- 꼬마찰죽 간은 마지막에 한다. 미리 간을 하면 죽이 퍼지지 않으므로 주의한다.
- 특별한 간식으로 먹어도 손색이 없고, 옥수수 수염차로 끓여 감칠맛을 느낄 수 있다.

명산오이 대하 잣즙무침

수분함량이 높고 칼슘과 칼륨 성분이 풍부해 노폐물 배출, 이뇨작용 등에 효과

재료

- 명산오이 1개
- 흰 후춧가루 약간
- 참기름 1큰술
- 대하 2마리
- 잣 20g
- 대파 1/2대
- 생강 조금
- 소금 1작은술
- 물 1큰술
- 청주 1작은술
- 청장 1작은술

만드는 법

1 명산오이는 중간에 씨를 제거하고, 얇게 썰어서 소금간을 한 뒤 팬에 재빨리 볶는다.

2 대하는 등 쪽 내장을 제거하여, 청주, 흰 후춧가루에 재운다.

3 재운 대하를 볼에 담고, 편생강, 마늘과 대파를 넣고 김 오른 찜기에 중불에서 6분 정도 찐다.

4 잣은 고깔을 떼고 곱게 다진다.

5 찐 새우는 껍질을 벗겨 반으로 포를 떠서 준비하고 그릇에 남은 즙은 무칠 때 사용한다.

6 새우즙, 잣가루를 넣고 버무리다가, 나머지 재료를 넣고, 소금, 청장, 참기름으로 마무리한다.

알아보기

- 새우는 물에 데치는 것보다 찜솥에 쪄서 나오는 새우즙으로 무치면 감칠맛이 더욱 풍부해진다.

먹시감식초 채소절임

비타민 C가 풍부하여 숙취 해소에 효과가 있음

재료

- 먹시감 식초(구입) 2컵 · 방울토마토 10개 · 삶은 메추리알 10개 · 블루베리 10개
- 청포도 10개

소스_ 먹시감식초 1½컵, 원당 4큰술, 소금 2작은술, 통후추 1/2작은술, 물 4큰술

만드는 법

1 유리병은 열탕소독을 한다.
2 메추리알은 미리 삶아 껍질을 제거해서 준비한다.
3 방울토마토는 칼집을 내어 뜨거운 물에 데친 후 찬물에 담가서 껍질을 벗긴다.
4 블루베리, 청포도는 깨끗이 씻어서 물기를 제거한다.
5 냄비에 소스 재료를 넣고 소금이 녹을 때까지 끓인다.
6 유리병에 준비한 재료를 넣고 한 김 식힌 소스를 붓는다.

알아보기

- 먹시감은 전라북도 지방 일부 지역의 산기슭이나 밭두렁 등에서 자생하는 토종(재래종) 감이다.
- 완전히 식힌 후 냉장 보관한다.

담양토종배추적

배추는 맛이 달고 소화를 도우며 수분이 많아 갈증을 없애줌

재료

- 배춧잎 3장
- 메밀가루 2컵
- 전분가루 1/2컵
- 소금 1큰술
- 간장 1큰술
- 설탕 1큰술
- 식초 1큰술

만드는 법

1 배추는 씻은 뒤 두꺼운 부분은 칼등으로 두들겨서 소금으로 살짝 간한다.

2 메밀가루, 전분가루에 소금을 넣고 묽게 반죽한다.

3 배춧잎을 반죽에 적셔서 기름 두른 팬에 노릇하게 지진다.

4 배추적은 적당한 크기로 썰어서 접시에 담고, 양념장과 곁들여 낸다.

알아보기

- 배추의 반죽물은 다른 반죽보다 묽게 해야 반죽이 골고루 묻어 전을 잘 부칠 수 있다.

톡톡톡 쫀득쫀득

꼬마찰전

식이섬유가 풍부하고 면역에 좋은 식재료

재료

- 옥수수 1컵
- 바나나 30g
- 찹쌀가루 1큰술
- 밀가루 1/2컵
- 소금 약간
- 물 2큰술

만드는 법

1 옥수수는 삶아서 알맹이만 떼어낸다.

2 바나나는 껍질을 벗겨 다진다.

3 삶은 옥수수와 다진 바나나, 밀가루, 찹쌀가루, 물 2큰술, 소금을 넣고 반죽한다.

4 달구어진 팬에 식용유를 두르고 반죽을 한 수저씩 놓고 지져낸다.

알아보기

- 옥수수전에 바나나가 들어가면 부드럽고 달콤하다.

고소하고 찰랑찰랑한

황포묵콩국수

해독작용이 있으며 열량이 낮아서 다이어트에 좋음

재료

- 황포묵 1모
- 대두콩 1컵
- 물 4컵
- 오이 1/4개
- 소금 약간
- 통깨 1큰술

만드는 법

1 콩은 4시간 불린 후 냄비에 넣고 15분 정도 삶아서 콩껍질을 제거하고 물과 소금, 통깨를 넣고 갈아준다.

2 황포묵은 0.6×7cm 길이로 썬다.

3 오이는 채썬다.

4 그릇에 황포묵을 넣고 콩국물을 부어준 후 오이채를 올려준다.

알아보기

- 황포묵 만들기 : 미지근한 물에 치자를 담가서 치자물을 만든다. 치자물 6컵에 녹두가루 1컵을 넣고, 잘 풀어준 뒤 냄비에 넣고 센 불로 끓이다가 엉키기 시작하면 약불로 줄여 계속 저어준 후 소금, 참기름을 넣고 뜸을 들인다.

마음의 눈을 뜨게 하는

녹차 우리기

암 발생 억제 효과, 피부노화 방지, 항산화 효과, 알레르기 억제,
식중독 예방, 감기, 해독작용이 뛰어나 건강에 이로움

재료

• 녹차 2작은술

만드는 법

1 다구를 배열하고 차통에 차를 담아 놓는다.

2 탕관의 끓는 물을 숙우에 따른 후 다관에 따르고, 다관이 데워지면 잔에 따라 데운다.

3 찻잔이 데워지는 동안 숙우에 끓는 물을 부어 알맞은 온도로 식힌다.

4 다관에 차를 넣고 숙우의 물을 부어 차를 우려낸다.

5 차가 우려지는 동안 찻잔의 물을 퇴수기에 버린다.

6 다관에 우려진 차를 찻잔에 1/3씩 따라 세 번에 걸쳐 나누어 따른다.

7 찻잔받침 위에 잔을 놓고 손님의 다과상에 차를 올린다.

알아보기

• 찻물은 다관에 물이 남지 않도록 마지막 한 방울까지 따른다.

• 우린 녹차 찌꺼기나 녹차 우린 물은 세안, 팩, 무좀에 좋다.

• 요리에 넣으면 생선 비린내, 육류 누린내를 없애고, 연육작용을 돕는다.

오돌토돌 새콤달콤

마이산 청실배란

칼로리가 낮아 비만인 사람에게 좋으며
청실배의 섬유소는 혈중 콜레스테롤의 농도를 낮추는 효과

재료

• 배 3개   • 설탕 2큰술   • 물엿 1큰술   • 꿀 1큰술

고명_ 대추채, 호박씨

만드는 법

1 배는 믹서기에 곱게 간 후 체에 밭쳐서 물기를 제거한다.
2 수분이 어느 정도 제거된 배와 설탕을 팬에 넣어 조리다가, 수분이 날아가면 물엿과 꿀을 넣어 투명해지
  면서 한 덩어리가 될 때까지 약불에서 조린 후 접시에 쏟아부어 식힌다.
3 식으면 다시 원래의 배 모양으로 만들고, 대추와 호박씨 고명을 올린 후에 접시에 담는다.

알아보기

• 일반 배와 달리 푸른색을 띠고 있으며, 돌배나무 중 특히 맛 좋은 열매가 달리는 나무만 골라 심어 '청실
  배나무'란 새로운 이름을 붙였다고 한다.

경
상
도

경상도는 지역 대부분의 산지가 산맥에 둘러싸여 지역이 활 모양으로 고립된 형
태를 하고 있다. 경상도는 크게 태백산맥과 소백산맥에 둘러싸인 내륙지방과 해안의
영향을 받는 동해안 지역, 낙동강에 가까운 중앙 저지대 지역으로 구분된다. 동해안
지역은 대체로 온화하고 한서의 차이가 적으며 지형성 강우가 빈번히 나타나고, 저
지대 지역은 낙동강 중상류를 중심으로 이어진 소규모 평야가 있다. 경상도 음식의
특징은 다채로운 편이다. 동해와 남해에 좋은 어장을 가지고 있어 해산물도 풍부하
고 땅이 기름져서 농산물도 넉넉하게 생산된다. 생선도 즐겨 먹고 대체로 음식은 짜
고 매운 편에 속한다. 음식에 멋을 내거나 사치스럽지 않고 소담하게 만든다. 경상도
는 대체로 날씨가 따뜻해서 고춧가루를 많이 사용한 매운 음식이 많고 아구찜, 장아
찌류, 가오리찜 같은 음식이 발달했다. 이러한 식문화 특성을 지닌 경상도 지역의 맛
의 방주 등재품목과 그 특징을 알아본다.

갯방풍

갯방풍은 이름 그대로 갯가에서 자라는 방풍
이다. 갯방풍은 산림청 희귀 및 멸종위기식
물 약관심종 등급으로 지정되어 있으며, 단
단하고 향이 강하지만 식감이 부드럽고 깔끔
한 맛이 특징이며 독특한 향과 풍미는 씹을
수록 단맛을 낸다.

울릉손꽁치

울릉손꽁치는 오징어와 함께 대표적인 지역
수산자원이며 오랫동안 울릉도의 특산물로
자리해 왔다. 최근에는 어족자원 감소현상
으로 인해 생산량이 급격히 줄더니 이제는
보기 힘들 정도로 줄어들었다.

칡소

몸 전체가 칡 색깔인 한국 재래 한우이다.
육질이 연하고 지방함량이 적어 조선시대엔
임금님의 수라상에 오르기도 했다. 고기 색
은 일반 한우에 비해 검붉은 것이 특징이다.

팥장

팥장은 예전에 콩이 흉년일 때 조정의 지시
로 개발된 장으로 알려져 있다. 간장을 빼지
않아 부드럽고 염도가 낮은 것이 큰 특징이
다. 일반 장에 비하여 발효과정이 짧은 편으
로 냄새도 덜하며 안 짜고 안 달다.

누룩발효곡물식초

보름 이상 쌀누룩을 띄우고 이것을 발효해
곡물식초를 만든다.

울릉 홍감자(옹심이)

지역 주민들이 주로 재배하던 작물이다. 울
릉 홍감자는 개량감자보다는 크기가 작고 붉
으며 삶으면 입자가 매우 부드럽고 치밀해
그 맛이 매우 뛰어난 편이다. 지역 특성상
울릉주민은 감자를 쌀이나 밀가루 대용으로
먹었다.

긴잎돌김

울릉도 자연산 긴잎돌김은 우리나라 동해안
고유의 특산종이다. 긴잎돌김은 크기가 일
반 김의 4배에 달할 정도이며 신선한 향과
까만 윤이 나는 것이 특징이고 맛은 구수하
고 식감이 아삭하며 깊은 향이 빼어나다.

울릉도 옥수수엿청주

토종 옥수수를 이용하여 만들어 먹던 전통
주이다.

섬말나리

울릉도에서 가장 높은 마을인 나리분지에서
자생하는 희귀식물이다.

하동잭살차

하동 야산에서 자생하는 특유한 차의 이름
이다.

앉은뱅이밀

우리 토종밀로 키가 50~80cm 정도로 작아
서 붙여진 이름이다.

김해장군차

서기 48년 아유타국 공주 허황옥이 가락
국으로 시집오면서 봉차로 가져와서 전파
된 야생으로 전해오는 우리나라 최초의 전
통차이다.

바닷바람을 머금은 보약 같은

갯방풍(해방풍)죽

다량의 미네랄이 들어 있음

재료

• 어린 방풍 100g   • 소고기 80g   • 밥 1공기

양념_ 참기름 1큰술, 청장 1큰술, 후춧가루, 소금 약간
채수 내기_ 다시마1장(10×10), 대파1대, 양파1/4개, 무50g, 표고버섯1개, 연근1/4개, 물 1L

만드는 법

1 찬물에 채수 재료를 넣고 끓으면 다시마를 건져내고 중불에서 30분 정도 끓인 뒤 체에 밭쳐 채수를 준비
   한다.
2 소고기는 곱게 다진 후 청장, 참기름, 후추로 양념한다.
3 어린 방풍은 깨끗이 씻어 먹기 좋은 크기로 썬다.
4 냄비에 참기름을 두르고 소고기를 중불에서 재빨리 볶은 다음 밥을 넣고 덩어리지지 않게 잘 풀면서 볶
   다가 채수를 넣고 중불에서 충분히 끓인다.
5 밥이 퍼지면 방풍을 넣고 한 번 더 끓인 다음 소금으로 간하여 마무리한다.

알아보기

• 갯방풍(해방풍)은 잎과 줄기가 단단한 편이어서 냉장상태에서 보름 이상 보관할 수 있다.
• 단단하고 향이 풍부하지만 식감은 부드럽고 맛은 깔끔하다.

건나물 녹두밥 만두

식이섬유가 풍부해서 변비에 좋고, 글루텐 함량이 적어 소화에 도움이 됨

재료

- 진주 앉은뱅이밀가루 2컵
- 고비 10g
- 마늘 1작은술
- 오이 1개
- 참기름 1/2큰술
- 녹두 1컵
- 표고버섯 2개
- 소금 · 깨소금 · 후추 약간씩
- 취나물 10g
- 파 1작은술

초간장 만들기_ 식초 2큰술, 청장 2큰술, 설탕 1큰술

만드는 법

1 앉은뱅이밀가루에 소금을 넣고 체에 내린 다음, 물을 조금씩 넣어가며 반죽하여 20분 정도 숙성시킨 후 얇게 밀어 지름 8cm 정도의 크기로 만두피를 만든다.

2 통녹두는 불려서 김 오른 찜기에 푹 찐다.

3 취나물, 고비는 충분히 삶은 뒤 송송 썰어서 청장, 참기름, 깨소금, 파, 마늘을 넣고 무쳐서 볶는다.

4 오이는 돌려깎기하여 4cm 길이로 곱게 채썬 뒤 소금간 하여 볶는다.

5 표고버섯은 곱게 채썬 뒤 양념하여 볶는다.

6 찐 통녹두밥과 볶은 모든 재료들을 섞어서 만두소를 만든 후, 만두피에 넣어 예쁘게 빚는다.

7 김이 오른 찜기에 면포를 깔고 만두를 넣어 센 불에서 7분 정도 찐다.

8 초간장을 곁들여 낸다.

알아보기

- 조상 대대로 내려오는 토종 밀이라 우리 음식에도 많이 쓰였는데 대표적인 것이 누룩이다. 통밀을 빻은 밀에 물을 20% 정도 넣어 반죽한 후 적당한 온도에서 숙성시킨다. 그렇게 만든 누룩은 막걸리에 많이 쓰였다.

건강을 주는 선물 같은

미인발효주스

곡물식초는 유기산이 풍부해 피로 회복에 도움

재료

- 곡물식초 2큰술
- 청국장 3큰술
- 토마토(큰 것) 1개
- 각종 과일 적당량
- 요구르트 1개

만드는 법

1 위의 재료를 혼합한 뒤 곱게 갈아서 음용한다.

알아보기

- 우리나라 전통 식초는 쌀, 보리, 밀, 기장, 옥수수 등으로 만드는 곡물식초다.
- 곡물식초는 먼저 보름 이상 쌀누룩을 띄우고 이것을 발효제로 해서 만드는 것이다.

울릉손꽁치 고구마줄기조림

꽁치는 불포화지방산이 풍부해서 동맥경화와 혈전을 개선.
비타민 A와 항산화 작용으로 노화를 방지하는 비타민 E 풍부하게 함유

재료

- 울릉손꽁치 5마리
- 고구마 줄기 100g
- 마늘 1큰술
- 고춧가루 2큰술
- 멸치액젓 3큰술
- 청 · 홍고추 2개
- 대파 1대
- 양파 1개
- 후춧가루 1/2작은술

만드는 법

1 꽁치는 깨끗이 씻어 쌀뜨물에 10분 정도 담근다.

2 건고구마 줄기는 삶아서 준비하고, 생고구마 줄기를 사용할 때는 데친다.

3 고구마줄기를 냄비에 깔고 꽁치를 얹고 어슷썬 청 · 홍고추, 대파, 양파를 얹는다.

4 멸치액젓, 고춧가루, 마늘로 양념하여 ③의 재료 위에 끼얹어서 뚜껑을 닫고 조린다.

5 마지막에 뚜껑을 열고 후춧가루로 마무리한다.

알아보기

- 울릉손꽁치는 울릉도 주민들이 뗏목을 만들어 꽁치를 손으로 잡는 전통 어업방식을 일컫는 말이다. 해마다 5월쯤이면 꽁치가 산란기를 맞아 알을 낳기 위해 해초 속으로 들어오는데 이때 어부가 꽁치를 손으로 잡는다.

칡소뭉치구이

체력 회복, 면역력 증진과 원기 회복에 좋은 영양 만점 칡소

재료

- 칡소 채끝살 300g
- 생표고버섯 2개
- 청장 2큰술
- 연근가루 1작은술
- 마가루 1큰술
- 대추 20개
- 파(흰 부분) 조금
- 마늘 6톨
- 배 1/4쪽
- 꿀 3큰술
- 참기름 1큰술
- 후춧가루 1/2작은술
- 깨소금 1/2작은술
- 잣

만드는 법

1 대추는 푹 삶아서 체에 내려 껍질과 씨는 버리고 냄비에 넣고 조려서 대추고를 만들고, 나머지는 곱게 채 썬다.

2 채끝살은 핏물을 빼고 다진다.

3 대파, 마늘은 곱게 채썬다.

4 배는 강판에 갈아서 즙을 낸다.

5 생표고버섯도 곱게 채썬다.

6 ②의 채끝살은 배즙에 재운다.

7 ⑥의 재워둔 고기에 청장, 연근가루, 마가루, 표고버섯, 파, 마는 채썬 것을 혼합해서 끈기 나게 치대어 적 당한 크기로 뭉쳐서 모양을 내어 굽는다.

8 구운 뭉치구이에 대추채를 고명으로 얹어서 담아낸다.

알아보기

- 울릉도에서 가축으로 키웠던 칡소는 몸 전체가 칡 색깔인 재래 한우종이다. 범소, 호반우, 얼룩소라고도 하며, 우리나라 최초의 수의학서 『우의방』에도 칡소가 토종소라고 나온다.

팥장으로 만든 쌈장

항산화 활성 성분이 다량 함유되어 있어 건강에 도움을 줌

재료

- 팥장 500g
- 보리쌀 1/2컵
- 조 1/2컵
- 조청 5큰술
- 발효청 2큰술
- 고추장 2큰술
- 통깨 2큰술
- 참기름 2큰술

만드는 법

1 보리쌀과 조는 밥을 짓는다.

2 ①의 밥이 식으면 고추장, 조청, 참기름, 통깨를 넣고 버무려 쌈장으로 사용한다.

알아보기

- 팥장은 옛날에 콩이 흉년일 때 조정의 지시로 개발된 장으로 알려졌다. 간장을 빼지 않아 맛이 부드럽고 염도가 낮은 것이 특징이며, 지금은 경상도에서는 간장도 뽑고 장을 뽑아서 활용한다.

발효 가자미식해

재료

- 반건조 가자미 1kg
- 무 1kg
- 고두밥 500g
- 조밥 500g
- 엿기름 4컵
- 천일염 5컵

양념_ 다진 마늘 200g, 다진 생강 10g, 고춧가루 600g, 설탕 300g

만드는 법

1 반건조 가자미를 1cm로 썰어서 소금물에 3시간 정도 간한 뒤 헹궈서 물기를 뺀다.

2 무는 굵게 채썰어 소금에 3시간 정도 절인 뒤 헹궈서 소쿠리에 밭친다.

3 고춧가루는 고추장용보다 조금 굵게 빻아서 준비한다.

4 엿기름은 체로 쳐서 가루만 사용한다.

5 준비한 가자미에 엿기름가루로 먼저 버무려서 1시간 정도 둔다.

6 가자미에 설탕, 고춧가루를 넣고 버무리다가 마늘, 생강, 무를 넣어 버무린 다음 고두밥과 조밥을 넣고 섞어서 항아리에 담는다.

7 마무리된 가자미식해는 실온에서 5일 정도 숙성시켰다가 냉장고에 넣어두면 깊이 있게 맛이 더 든다.

알아보기

- 물가자미로 식해를 만들어야 더 맛이 있다.

울릉도 물엉겅퀴장떡

실리마린이라는 성분은 간세포의 신진대사를 돕는 효능이 있으며,
칼륨, 마그네슘 등 무기질이 많이 들어 있음

재료

- 엉겅퀴 30g
- 찹쌀가루 1컵
- 밀가루 2큰술
- 고추장 2큰술
- 된장 1작은술
- 청양고추 1/2개
- 홍고추 1/2개
- 다진 파 1/2작은술
- 다진 마늘 1/2작은술
- 참기름 조금
- 식용유 3큰술

만드는 법

1 데친 엉겅퀴는 송송 썰고 청양고추와 홍고추는 다진다.

2 찹쌀가루와 밀가루는 체에 한 번 내린다.

3 된장과 고추장은 물을 조금 넣고 풀어서 체에 내린 후 다진 파, 다진 마늘, 참기름을 섞는다.

4 ③에 ②와 ①을 넣고 농도를 맞춰 반죽한다.

5 팬에 기름을 두르고 1큰술씩 떠서 모양을 잡아 지진다.

알아보기

- 육지의 엉겅퀴는 가시가 있어 주로 약재로 이용되지만 가시가 연해서 식용 가능한 엉겅퀴는 울릉도산
  이 유일하다. 엉겅퀴를 이용한 된장국, 해장국이 인기가 높다.

울릉 홍감자채 샐러드

혈액순환과 간기능 강화, 칼륨도 풍부하게 함유하고 있어서
몸속 나트륨 배출에 도움

재료

• 홍감자(중) 3개   • 비트 40g

소스_ 더덕(중) 3뿌리, 두부 1/4모, 두유 150mL, 올리브유 1큰술, 레몬즙 1큰술, 소금 약간

만드는 법

1 감자, 비트는 가늘게 채(채칼 이용)썬 뒤 물에 담가 전분을 뺀다.
2 두부는 끓는 물에 데친다.
3 소스 재료를 넣고 곱게 간다. 감자 비트는 섞어서 돌돌 만다.
4 오목한 접시에 소스를 먼저 담고, 말아둔 감자, 비트를 얹는다.

알아보기

• 감자는 물에 담가 전분기를 충분히 빼준다. 비트는 붉은 물이 많이 나오므로 찬물에 담가 사용하면 담음새가 예쁘다.

바다의 홍삼

울릉손꽁치 강정

불포화지방산이 풍부해서 성인병을 예방하고, 철분을 포함하고 있어서 빈혈을 개선함

재료

- 꽁치 2마리
- 통마늘 15개
- 표고버섯 3개
- 생강 10g

고명 _ 대추채

양념 _ 청장 3큰술, 조청 4큰술, 배즙 3큰술, 사과즙 3큰술, 마늘기름 2큰술, 생강청 1큰술

꽁치튀김옷 _ 전분 1/2컵, 우리밀 2큰술

꽁치밑간 _ 청주 3큰술, 소금 약간

만드는 법

1 꽁치의 뼈와 살을 분리한 후, 먹기 좋은 크기로 썰어 청주, 소금으로 밑간한다.

2 통마늘은 꼭지를 제거하고, 생강은 얇게 저민다.

3 밑간해 둔 꽁치는 전분, 우리밀로 옷을 입히고, 180℃ 기름에 2번 튀겨낸 후 기름을 제거한다.

4 팬에 기름을 넉넉히 두르고, 마늘과 생강을 볶다가 향이 올라오면 분량의 양념장을 넣고 끓인다.

5 양념이 바글바글 크게 끓으면 튀긴 꽁치를 넣고 센 불에서 재빨리 버무려준다.

6 대추채 고명을 올린다.

알아보기

- 생선은 검은 막을 제거해야 쓴맛과 비린내를 잡을 수 있다.

자연산 긴잎돌김국

어린이 성장 발육, 갑상선 부종 방지

재료

• 김 2장   • 무 100g   • 쌀뜨물 700mL   • 실파 1대

양념_ 청장 1큰술, 소금 1작은술, 참기름 1큰술

만드는 법

1 무는 채썬다.
2 김은 한 번 구운 후 찢어서 준비하고 실파는 송송 썬다.
3 쌀뜨물에 무를 넣고 무가 익으면 김을 넣고, 청장, 소금으로 간을 하고, 불을 끈 뒤 참기름을 둘러서 마무리한다.

알아보기

• 달걀을 풀어서 넣어주면 영양 듬뿍 달걀김국으로도 먹을 수 있다.

갯방풍(해방풍)초장, 간장, 된장무침

갯방풍은 폐를 튼튼하게 하고 진통작용을 하며 혈행을 개선

재료

• 갯방풍 300g

초장무침양념_ 갯방풍 100g, 파인애플청 1큰술, 초장 2큰술, 청장 1/2작은술
청장무침양념_ 갯방풍 100g, 청장 1½큰술, 들기름 2큰술, 소금 약간
된장무침양념_ 갯방풍 100g, 고추장 1/2작은술, 채수 1작은술, 된장 1큰술, 청장 1/2작은술

만드는 법

1 냄비에 소금을 넣고 팔팔 끓는 물에 소금 1꼬집을 넣고 뚜껑을 열고 데친 후, 재빨리 차가운 얼음물에 담
  가 아삭한 식감이 살도록 준비한다. 갯방풍을 데친 후 찬물에 헹군다.
2 갯방풍을 초장무침 양념에 버무린다.
3 갯방풍을 청장무침 양념에 버무린다.
4 갯방풍을 된장무침 양념에 버무린다.

알아보기

• 파인애플청 만드는 법 : 파인애플 500g을 믹서기에 갈아서 동량의 설탕을 넣고 설탕이 녹도록 잘 저어
  준 후, 레몬즙 2큰술을 넣는다. 완성품은 냉장 보관한다.

긴잎돌김 나물김밥

식이섬유가 풍부, 칼로리가 낮아 다이어트에 도움

재료

- 쌀 1컵
- 긴잎돌김 2장
- 부지깽이나물 100g
- 명이나물 장아찌 100g
- 두부 100g
- 참기름 1큰술
- 깨소금 1/2큰술
- 소금 약간

만드는 법

1 쌀은 씻어 불린 후 동량의 물과 다시마를 넣어 강불에서 끓으면 약불로 줄여 밥을 짓는다. 한 김 식으면 소금, 깨소금, 참기름을 넣어 섞는다.

2 두부는 1cm 두께로 썰어 소금을 뿌린 후 팬에 굽는다.

3 부지깽이나물은 끓는 물에 데친 후 참기름, 깨소금, 소금으로 무친다.

4 명이나물 장아찌를 준비한다.

5 김 위에 밥, 명이나물 장아찌, 구운 두부, 부지깽이나물을 순서대로 얹고 돌돌 말아 먹기 좋은 크기로 썰어서 낸다.

알아보기

- 명이나물장아찌 만드는 법 : 명이나물 200g, 진간장 1컵, 물 1컵, 설탕 1/2컵, 매실청 1/3컵, 소주 1/2컵 끓여서 식힌 후 레몬 1/2을 슬라이스해서 넣고 준비해둔 명이에 부어준다.

더 이상 고귀할 수 없다

섬말나리 (꽃)비빔밥

섬말나리꽃은 세계적으로 희귀한 식물로
관상적 가치가 높고
비늘줄기는 기관지염, 폐렴, 동상, 당뇨 등에 약용으로 활용

재료

• 섬말나리나물 200g • 당근 1/6개 • 육전 조금 • 통깨 2큰술

• 청장 1큰술 • 참기름 2큰술 • 고추장 2큰술

• 기타 나물(부지깽이, 세발나물, 두릅, 엄나무순 등) 200g

만드는 법

1 섬말나리나물과 준비한 나물들은 손질해서 끓는 물에 소금을 넣고 살짝 데친 후 물기를 눌러 짠다.

2 나물에 통깨, 청장을 넣고 무친 후 참기름을 넣어 한 번 더 무친다.

3 당근을 곱게 다져 고슬하게 지은 밥에 섞는다.

4 양념한 나물을 예쁘게 돌려내거나 쌓아서 완성시킨다.(섬말나리꽃이 있으면 위에 올린다.)

알아보기

• 나물은 된장, 고추장, 잣즙소스 등에 무쳐도 된다.

• 나물, 준비한 채소들을 넣고 밥을 한 후 비빔장을 곁들여 내기도 한다.

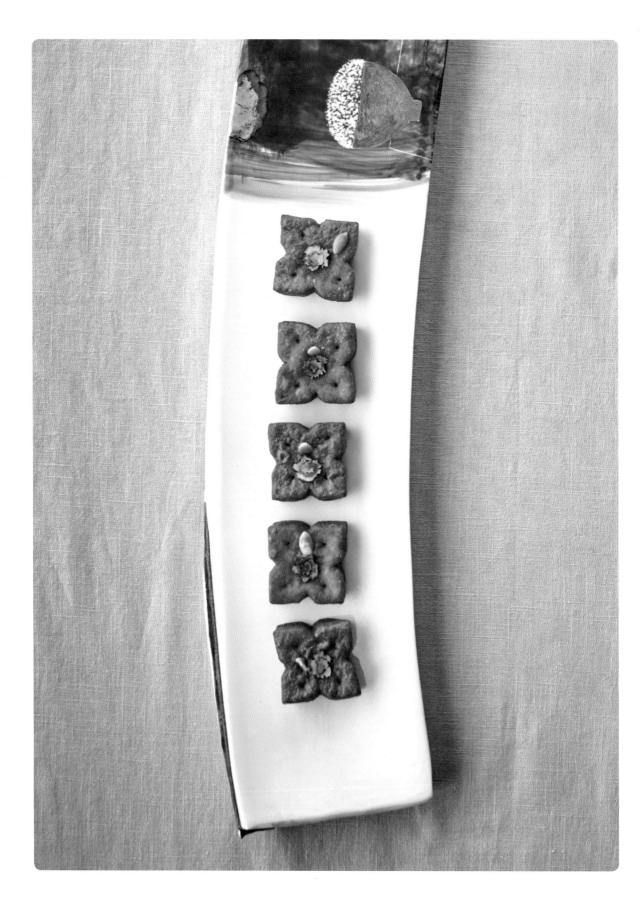

앉은뱅이밀 약과

『조선상식』(1948)에서 "조선에서 만드는 가장 상품과자로 세계에 짝이 없을 만큼 특색있는 과자"로 기술. 통과의례, 시절식, 잔치, 제향 때 만들어 내는 필수음식

재료

• 앉은뱅이밀 1컵   • 참기름 1큰술

혼합물_ 꿀 2큰술, 청주 1큰술, 생강즙 1/2작은술, 흰 후춧가루 · 소금 약간씩
집청_ 꿀 1/2컵, 계핏가루 1꼬집, 유자청 1작은술

만드는 법

1 꿀, 소금, 후추, 청주, 생강즙을 섞어서 혼합물을 만든다.
2 체에 내린 밀가루에 참기름을 넣고 손으로 비빈 후 체에 내린다.
3 밀가루에 혼합물을 넣어 반죽한 후 숙성한다.
4 밀대로 반죽을 밀어 정사각형이 되도록 2cm 정도 로 자른다.
5 반죽 속까지 열이 잘 통하도록 포크로 콕콕 찍는다.
6 낮은 온도(110℃)에서 서서히 튀겨 켜를 살린 후 높은 온도(150℃)에서 갈색이 나게 튀긴다.
7 집청꿀에 담근 후 스며들면 건진다.

알아보기

• 튀김온도를 잘 맞추어 튀겨낸다.

몸과 마음이 힐링되는 그린푸드

하동잭살차스콘

항산화, 필수아미노산, 비타민 C 등을 다량 함유하여
스트레스 해소, 동맥경화 예방, 항암, 충치예방 등의 효과가 탁월

재료

- 녹차가루 2큰술
- 박력분 2컵
- 생크림 4큰술
- 무염버터 60g
- 우유 4큰술
- 설탕 6큰술
- 베이킹파우더 1큰술
- 달걀노른자 1큰술

만드는 법

1 냉장상태 버터를 꺼내 깍둑썰기한다.
2 박력분과 베이킹파우더, 녹차가루를 체 친 후 설탕을 첨가하여 섞는다.
3 스크래퍼를 이용해서 콩알 크기로 다진다.
4 우유를 넣고 스크래퍼로 한 덩어리를 만든다.
5 스크래퍼로 모아주고 잘라주기를 반복해서 하나의 덩어리 반죽이 되도록 되풀이한다.
6 래핑 후 1시간 정도 냉장고에서 휴지시킨다.
7 70g씩 소분하여 성형하고 팬닝한다.
8 달걀노른자물을 위쪽에 바른다.
9 170℃에서 12~15분 정도 굽는다.

알아보기

- 잭살차는 믹서기에 갈아서 체에 걸러 고운 가루로 사용한다.

김해장군찻잎볶음

맛과 영양이 그대로 남아 있는 우려낸 찻잎을 사용한다.
찻잎 속에 남은 지용성 비타민을 아낌없이 섭취하기

재료

- 말린 찻잎 1컵
- 들기름 1큰술
- 식용유 1큰술
- 맛간장 1큰술
- 조청 1큰술
- 통깨 1작은술

만드는 법

1 마시고 난 찻잎을 바싹하게 말린다.

2 식용유에 들기름을 얹고 중불에서 찻잎을 볶는다.

3 맛간장, 조청을 넣고 바글바글 끓이다가 볶은 찻잎을 넣고 조리듯이 볶는다.

4 통깨를 넣고 버무려 완성시킨다.

알아보기

- 견과류를 굵게 다져서 함께 볶은 후에 조린다.
- 찻잎볶음을 넣어 주먹밥을 만들어도 맛있다.

포슬포슬 땅속의 사과

홍감자옹심이

붉은빛을 띤 홍감자는 노화 예방, 피로회복, 눈 건강, 면역력 향상에 좋음

재료

- 홍감자 4개
- 호박 1/4개
- 불린 표고버섯 3장
- 다시마 1장
- 무 조금
- 물 6컵
- 청장 1큰술
- 들기름 1큰술
- 식용유 1큰술

양념장_간장 1큰술, 통깨 1/2큰술, 참기름 1작은술, 청 · 홍고추 각 1개

만드는 법

1 감자는 껍질을 깎아 강판에 간다.

2 감자를 베보자기에 꼭 짠 후 건더기는 따로 그릇에 담는다.

3 감자국물의 녹말이 가라앉으면 건더기와 녹말에 소금을 넣고 반죽하여 옹심이(경단)를 만든다.

4 호박은 곱게 채썬다.

5 불린 표고버섯, 다시마, 무도 채썬다.

6 냄비를 달군 후 식용유와 들기름을 넣고 표고버섯, 다시마, 무를 넣고 충분히 볶다가 물을 넉넉히 부어 채수를 끓인다.

7 채수에 청장으로 간하고 옹심이를 넣어 끓인다.

8 호박을 넣고 옹심이가 떠오르면 불을 끈다.

알아보기

- 감자에서 전분이 덜 생기면 녹말가루를 조금 첨가해서 옹심이를 만든다.

요리조리 만들어놓으면 요긴하게 쓰이는

요리술

다양한 재료들을 각각 담아놓고 용도에 맞게 사용하면 요리가 즐거워지는 시간

재료

- 청주 1병(1.8L)
- 마른 표고버섯 3개
- 다시마 1쪽
- 양파 1/2개
- 대파 1개
- 마늘 4쪽
- 생강 1쪽
- 레몬 1/2개
- 설탕 4큰술

만드는 법

1 요리술을 보관할 유리병을 소독해서 말린다.

2 재료들을 깨끗이 손질한 후 채썬다.

3 청주에 채썬 재료들을 넣어 실온에 반나절 이상 둔다.

4 냉장고에 두고 1~2주 정도 숙성시킨다.

5 재료들을 체에 걸러 냉장고에 보관하여 사용한다.

알아보기

- 열탕소독

  유리병을 깨끗이 씻은 후 찬물을 담은 냄비에 넣고 끓인 후 완전히 말려서 사용한다.

  각각의 재료로 담그기

  예) 생강술, 마늘술, 대파술, 레몬술

긴잎돌김 현미강정

바다의 선물, 바다의 채소 김에는 단백질, 비타민, 칼슘 등이 풍부

재료

• 볶은 현미 60g   • 흑임자 40g   • 생강가루 1/2작은술

시럽_조청 1/2컵, 설탕 1작은술

만드는 법

1 현미를 마른 팬에 볶거나 120℃의 오븐에서 10분간 구워 전처리한다.

2 냄비에 시럽재료를 넣고 바글바글 끓으면 불을 끈다.

3 시럽에 현미, 흑임자, 생강가루를 넣고 주걱으로 실이 나도록 젓는다.

4 김을 깔고 ③을 고르게 편다.

5 다시 위에 김을 올리고 전체 면이 고르게 되도록 밀대로 민다.

6 포장할 박스에 맞게 강정을 잘라서 완성한다.

알아보기

• 과일칩이나 들깨, 멸치 등을 넣고 만들면 색다른 맛과 멋을 낼 수 있다.

• 김은 보이는 면이 매끈하게 되도록 깐다.

충
청
도

충청도는 한반도 유일의 내륙도로 북동쪽에 태백산맥이, 동쪽에 소백산맥이, 북서
쪽에 차령산맥이 지나간다. 충청도는 서해를 접하고 있어 해산물이 풍부하며 평야가
많아 쌀이 많이 생산되어 주로 주식으로 섭취하였으며 이와 함께 보리밥도 즐겨 먹
었다. 지리적으로 볼 때 충청북도는 바다를 접하지 않아 농업이 성하며, 충청남도는
서해를 접하여 좋은 어장이 있으므로 해산물이 풍부한 게 큰 장점이다. 음식의 간을
맞출 때 고춧가루를 많이 사용하며, 양념으로는 된장을 많이 사용하는 것이 주된 특
징이다. 충청도 음식은 그곳 사람들의 소박한 인심이 그대로 나타나 꾸밈이 별로 없
다. 따라서 음식이 사치스럽지 않고 양념도 많이 쓰지 않아 담백하고 구수하며 소박
한 것이 특징이다. 이러한 식문화 특성을 지닌 충청도 지역의 맛의 방주 등재품목과
그 특징을 알아본다.

어육장

어육장은 큰 독에 잘 말려서 손질한 고기와 생선을 메주 사이에 켜켜이 넣고 소금물을 부은 후 밀봉상태에서 1년간 발효시킨 우리 전통 장 가운데 하나이다. 어육장은 단백질 함량이 높은 고급 장으로, 국이나 찌개를 끓일 때 고기를 따로 넣지 않아도 된다.

연산오계

연산오계는 일반 닭에 비해 머리가 작고, 볏은 왕관 모양으로 검붉다. 연산오계는 키우기 까다롭고 수익성이 낮으며 양계닭에 비해 생산성이 떨어져 여러모로 문제가 많아서 키울 사람이 점차 사라지는 추세이다. 따라서 현재는 천연기념물로 등록된 상태이다.

무릇

무릇은 묘 주변 햇볕이 잘 드는 곳과 논두렁, 밭두렁에서 자라는 야생초이다.

벼들벼

벼들벼는 한반도에 남아 있는 토종 벼 중 가장 오래된 고대 품종으로 거의 소멸되었다. 벼들벼는 멥쌀인데도 찹쌀처럼 부드럽다. 찰지고 고급스러운 단맛을 느끼게 해주는 것이 큰 특징이라 할 수 있다.

예산 삭힌 김치

예산 삭힌 김치는 깨진 독을 이용해 약 2개월간 발효과정을 거치는데 물기를 제거하며 습기와 신맛을 피해 발효된 김치가 눅눅하거나 신맛이 나면 제대로 된 예산 삭힌 김치로 인정받지 못했다. 그 맛도 마치 삭힌 홍어를 연상케 할 만큼 독특하다.

예산집장

예산 지역 양반가에서 주로 먹던 된장이다. 타 지방 집장과 달리 소고기와 말린 대하가 들어가며 소금이 아닌 간장으로 간을 맞추는 것도 특징이다. 또한 예산집장은 1주일 만에 속성 발효시키는 저염된장으로 만들기는 편하나 장기간 보관이 어렵다는 단점도 있다.

어간장

어간장은 물 한 방울 넣지 않고 태광콩으로 쑨 메주와 멸치액젓으로만 만든 간장이다. 멸치 단백질이 3년 동안 숙성되면서 담백한 맛을 더하는 것은 물론 다시 콩으로 만든 메주를 넣어 단백질을 추가했기에 어간장은 맛과 영양 면에서 일반 간장보다 훨씬 뛰어나다.

태안자염

천일염 방식이 도입되기 전 소금을 생산하던 전통적인 방식이다. 바닷물을 오랜 시간 끓여서 만드는 것으로 염전 갈이, 함수 모으기, 끓이기 과정을 통해 소금을 얻는다.

을문이

'효자고기'라고 불리며 조선 성종 때 강응정이 오랜 병환을 앓던 어머니께 지극한 효심으로 탕을 끓여드려 병이 나은 어머니가 장수하셨다 하여 효자고기라 불린다.

떡고추장

찰떡에 빻은 콩을 묻혀 띄운 뒤 곱게 가루 내어 찰떡, 메줏가루, 간장, 고춧가루를 넣고 발효시킨 고추장이다.

작주부본 곡자발효식초

작주부본이란 삭혀서 술의 밑바탕을 만든다는 뜻이다. 식초를 만들기 위해 먼저 술을 만들고 오랜 기간 숙성시키면 식초가 되는데 곡자발효식초는 찐 곡물에 물과 곡자를 혼합하여 발효시키는 우리 전통의 식초이다.

미선나무

낙엽활엽관목으로 세계에서 단 하나밖에 없는 1속 1종의 한국 특산물이다. 미선나무는 꽃, 잎, 줄기, 뿌리 등 다양한 부위를 활용해서 다른 맛과 향의 추출액을 만들거나 차의 재료로 쓰인다.

닭해신탕

스트레스 해소, 항암, 소화, 두뇌 발달에 좋은 연산 오계

재료

- 닭 1마리
- 문어 1마리
- 전복 3개
- 불린 녹두 1컵
- 수삼 1뿌리
- 건대추 5개
- 밀가루 1컵
- 소주 1컵
- 소금 1큰술

육수_ 대파 1뿌리, 황기 20g, 당귀 3조각, 둥굴레 20g, 마늘 한 줌, 닭발 3개

만드는 법

1 닭은 기름을 제거하고 배 속의 이물질을 씻는다.
2 끓는 물에 소주 1컵을 넣고 튀한 후 찬물에 헹군다.
3 문어는 가위로 머리를 자른 뒤 뒤집어서 내장을 꺼내고 밀가루로 문질러 씻는다.
4 전복은 솔로 씻은 다음 이빨을 제거한다.
5 주머니에 육수 재료를 넣고 센 불에서 20분, 중불에서 10분간 끓인다.
6 ⑤의 육수에 수삼, 대추, 닭을 넣어 30분간 삶은 뒤 문어를 넣고 10분, 전복을 넣고 5분간 더 삶는다.
7 불린 녹두는 닭육수로 밥을 짓는다.
8 삶은 닭, 문어, 전복을 담고 수삼, 대추를 고명으로 얹은 뒤 국물을 끼얹어 그릇에 담아낸다.
9 녹두밥은 별도로 담아낸다.

알아보기

- 저지방 고단백 식품이므로 땀을 많이 흘리는 여름철 보양식으로 애용되고 있다.

아미노산 덩어리

어육장 쌈장

노화 방지와 암 예방에 탁월. 항산화 작용, 소화 촉진과 변비 예방

재료

- 어육장 500g
- 채수 1컵
- 고춧가루 1큰술
- 각종 견과류 100g
- 양파 1개
- 고추장 2큰술
- 청양고추 3개

양념_ 마늘 1큰술, 깨소금 1큰술, 참기름 1큰술
채수 내기_ 다시마 1장, 대파 1대, 양파 1/2개, 무 1/4개, 건청양고추 3개, 표고 1장, 생강 1/4톨,
물 2L

만드는 법

1 찬물에 채수 재료를 넣고 물이 끓으면 다시마를 건져낸 뒤 중불에 30분 정도 끓여서 채수를 낸다.
2 양파는 굵게 다지고 청양고추는 송송 썬다.
3 어육장에 고추장, 채수 1컵을 넣고 볶는다.
4 볶은 어육장에 양파, 청양고추, 각종 견과류, 깨소금, 참기름을 넣고 섞어서 쌈장으로 쓴다.

알아보기

- 어육장은 큰 독에 잘 말려 손질한 고기와 생선을 메주 사이에 켜켜이 넣고 소금물을 부어 밀봉한 후 1년 간 발효시킨 우리의 전통 장 가운데 하나다. 조선시대 사대부 종가나 궁궐에서 담그던 전통 장으로, 일반 장류와 전혀 다른 형태의 훌륭한 기능성 식품이다. 하지만 생선과 고기가 들어가기 때문에 상온에서 발효하는 일반 장류와 달리 발효과정이 까다롭다. 온도 변화가 크지 않은 땅속에 묻어두고 저온으로 오랜 기간 숙성시켜야 하므로 번거로움과 수고로움이 크다.

예산 집장 청국장 샐러드

간 · 혈액 속 지방을 배출하고, 동맥경화 · 고혈압을 예방함

재료

- 예산 집장 100g
- 청국장 300g
- 토마토(큰 것) 1개
- 계절 채소 20g

채수 내기_ 다시마 1장, 대파 1대, 양파(중) 1개, 무 100g, 건표고버섯 4장, 물 2L

양념_ 깨소금 1/2큰술, 참기름 1큰술

만드는 법

1 찬물에 채수 재료를 넣고 물이 끓으면 다시마를 건져내고 중불에서 30분 정도 끓여서 채수를 낸다.

2 예산 집장에 채수, 깨소금, 참기름을 넣고 농도를 묽게 맞춘다.

3 청국장 콩, 각종 채소, 토마토에 ②의 소스를 넣고 살살 버무려서 그릇에 담는다.

알아보기

- 예산 집장은 즙장 또는 채소를 많이 넣어 채장이라고도 불리며, 예산 지역 양반가에서 주로 먹던 된장이다. 예산 집장은 백중이 지난 음력 7월 15~20일쯤에 담그며 타 지방 집장과 달리 소고기와 말린 대하가 들어간다. 소금이 아닌 간장으로 간을 맞추는 것도 특징이다.

쫀득쫀득 식감, 만능 비빔장

표고 떡고추장볶이

고추장은 발효 · 저장식품으로 조미 · 향신료로 쓰임. 고지혈증 예방에 탁월한 효과

재료

- 떡고추장 700g
- 표고버섯 100g
- 마늘 1큰술
- 조청 3큰술
- 파 1/2큰술
- 간장 1큰술

양념_ 참기름 1큰술, 설탕 1큰술, 깨소금 1큰술, 식용유 1큰술

만드는 법

1 표고버섯은 뜨거운 물에 넣고 한번 끓인 뒤 끓인 물에 불린다.
2 불린 표고버섯을 굵게 다져서 간장, 파, 마늘, 설탕, 참기름, 깨소금을 넣고 양념한다.
3 팬에 기름을 두르고 표고버섯이 충분히 익도록 볶은 다음 떡고추장을 넣고 다시 볶다가 마지막에 조청을 첨가하고 참기름으로 마무리한다.

알아보기

- 표고버섯 데친 물은 버리지 말고 농도 조절에 활용한다.
- 찰떡에 빻은 콩을 묻혀 띄운 뒤 곱게 가루 내서 찰떡, 메줏가루, 간장, 고춧가루를 더해 발효시킨 고추장이다. 전통 떡고추장은 원재료 맛을 그대로 살려 발효해서 맛을 낸 것이다.

해선장

어간장은 오메가3가 풍부해서 협심증과 혈관질환에 도움을 줌

재료

- 어간장 10큰술
- 청 · 홍 청양고추 10개
- 참기름 2큰술
- 청국장 200g
- 홍합 200g
- 전복 3마리
- 문어 200g
- 새우 3마리
- 굵은 고춧가루 3큰술

채수 내기_표고버섯 6장, 다시마 1장, 파 1대, 마늘 5톨, 양파 1개, 무 1/2개, 건청양고추 3개,
　　　　물 2L

만드는 법

1 찬물에 채수 재료를 넣고 물이 끓으면 다시마를 건져내고 중불에서 30분 정도 끓여 채수를 낸다.

2 채수 6컵 정도에 어간장을 넣고 한소끔 더 끓인다.

3 전복, 홍합, 새우는 쪄서 식으면 적당히 썬다.

4 문어는 데쳐서 곱게 다진다.

5 육수에서 건진 표고버섯은 다진 뒤 참기름을 바른 다음 찐다.

6 청 · 홍고추는 다진다.

7 ②의 준비된 어간장에 청국장, 전복, 홍합, 문어, 새우, 표고버섯, 굵은 고춧가루, 청 · 홍고추를 모두 넣고
　살살 버무려서 마무리한다.

8 밑반찬으로 생선을 먹을 때 곁들여서 먹으면 좋다.

알아보기

- 어간장은 물 한 방울 넣지 않고 태광콩으로 쑨 메주와 멸치액젓으로만 만든 간장이다.

버들벼 누룽지탕

기운이 나게 하고 소화를 돕는 효능

재료

- 불린 버들벼 1컵
- 전복 2개
- 은이버섯 20g
- 청경채 50g
- 느타리버섯 20g
- 전분 1/2큰술

채수_ 말린 연근 10g, 우엉 10g, 콩 1/2컵, 물 1L
소스_ 설탕 1큰술, 식초 2큰술, 소금 1작은술

만드는 법

1 채수 내기 : 말린 연근, 우엉, 콩은 충분히 볶아준 후 물을 붓고 1/2 정도 될 때까지 끓인다.

2 불린 버들벼는 동량의 물을 붓고 밥을 지어 약불에서 누룽지를 만든다.

3 전복은 깨끗이 씻어 칼집을 넣는다.

4 은이버섯, 느타리버섯은 찢어두고 청경채는 1/2등분한다.

5 누룽지는 180℃에서 바삭하게 튀긴다.

6 설탕, 식초, 소금을 넣어 소스를 만든다.

7 냄비에 채수를 넣고 끓으면 전복, 은이버섯, 느타리버섯, 청경채를 넣는다.

8 ⑦에 소스를 넣고 끓으면 전분으로 농도를 맞춘다.

9 그릇에 튀긴 누룽지를 담고 ⑧의 소스를 끼얹는다.

알아보기

- 버들벼는 찰지고 고급스러운 단맛을 느낄 수 있으며 찹쌀처럼 부드럽다.
- 누룽지 만드는 법 : 팬에 버들벼밥을 펴준 뒤 약불에서 굽는다.

무릇장아찌

혈을 잘 돌게 하고 해독과 부종에 효과적

재료

- 무릇 200g
- 간장 1컵
- 설탕 1/2컵
- 식초 1/2컵
- 물 1/2컵
- 채수 1컵

구수한 채수_말린 연근 10g, 우엉 10g, 콩 10g, 물 1L

만드는 법

1 냄비에 채수 재료를 넣고 중불에서 30분간 끓인다.
2 채수 1컵에 간장, 설탕, 식초를 넣고 절임장을 만들어 식힌다.
3 무릇은 깨끗이 씻어서 끓는 물에 데친 후 물기를 제거한다.
4 무릇을 용기에 담은 후 절임장을 부어준다.

알아보기

- 무릇의 뿌리는 무침용으로 사용하거나 약쑥 또는 둥굴레를 넣고 엿기름에 고아 무릇조청을 만든다. 예전 무릇 고는 날에는 농사 이야기, 시집살이 이야기 등을 나눌 수 있는 정겨운 날이었다.

곡자발효식초로 만든 **뿌리채소 겉절이**

뿌리채소는 식이섬유가 풍부하고 소화 증진에 도움을 줌

재료

- 연근 1/4개
- 우엉 1대
- 더덕 5개

소스_ 곡자발효식초 2큰술, 간장 1큰술, 레몬즙 1큰술, 설탕 1큰술, 깨소금 2큰술

만드는 법

1 우엉은 껍질을 벗겨 어슷썰고, 연근은 얇게 썰어 식초물에 담근다.

2 더덕은 껍질을 벗겨 납작하게 썬 뒤 소금물에 담근 후 물기를 제거한다.

3 물이 끓으면 연근, 우엉을 데친 후, 찬물에 헹구어 물기를 제거한다.

4 분량의 소스를 만들어 우엉, 연근, 더덕을 버무려준다.

알아보기

- 우엉, 연근은 변색 방지를 위해 식초물을 사용한다.

어육장 된장찌개

천연 식물성 단백질과 동물성 단백질을 삭혀서 만든 영양의 보고

재료

- 어육장 2큰술
- 청국장콩 2큰술
- 두부 1/4개
- 애호박 1/3개
- 청양고추 1개
- 홍고추 1/2개
- 대파 1/2대
- 표고버섯 2개
- 양파 1/4개
- 다진 마늘 1작은술
- 고춧가루 1큰술

육수 내기_ 물 1L, 양지머리 150g, 대파 1/2줄기, 마늘 3알, 무 70g, 양파 1/2개

만드는 법

1 냄비에 육수 재료를 넣고, 30분간 끓인 뒤 건지는 건져낸다.
2 두부, 애호박, 표고버섯, 양파는 깍둑썰기해서 준비하고 청 · 홍고추, 대파는 어슷썰기해서 준비한다.
3 육수에 어육장, 마늘, 고춧가루를 넣고 끓인 다음 애호박, 표고버섯, 양파를 넣고 끓인다. 먹기 직전에 청국장, 두부, 청 · 홍고추, 마늘, 대파를 넣고 한소끔 더 끓인 뒤 담아낸다.

알아보기

- 어육장으로 쌈장을 만들어 먹으면 구수하고 깊은 맛을 느낄 수 있다.

예산 삭힌 김치게조치

김치는 장내의 유해한 미생물은 억제하고
유익한 미생물은 촉진시켜 장 건강을 유지

재료

• 묵은지 1/2쪽   • 꽃게 3마리

채수 내기_표고버섯 6장, 다시마 1장, 파 1대, 마늘 5톨, 양파 1개, 무 1/2개, 건청양고추 3개,
　　　　물 2L
양념_된장 1큰술, 청장 2큰술, 마늘 2큰술

만드는 법

1 찬물에 채수 재료를 넣고 물이 끓으면 다시마를 건져내고 중불에서 30분 정도 끓여서 채수를 낸다.
2 묵은지를 잘 헹군다.
3 채수에 묵은지를 깔고 싱싱한 꽃게를 얹은 다음 된장, 청장, 마늘을 넣고 푹 끓여서 담아낸다.

알아보기

• 예산 삭힌 김치는 충남 예산군 봉산면 금치리 노인들이 점차 줄어들면서 소멸 위기에 처하고 있다.
• 각 가정에 있는 묵은김치를 활용한다.

강원도

한류와 난류가 교차하는 깊은 동해바다에 태백산맥의 깊은 산과 골짜기 사이에 자리 잡고 있다.

여름에는 고온다습하고 겨울에는 한랭건조하며 지방마다 생산되는 산물이 다르다. 내륙산간지방은 밭농사가 발달하였고 해안지방은 건어류와 젓갈류, 신선한 해물의 맛이 독특하다. 강원도 음식은 극히 소박하고 먹음직스러우며 감자, 옥수수, 메밀산채를 이용한 음식이 많다. 이러한 식문화 특성을 지닌 강원도 지역의 맛의 방주 등재품목과 그 특징을 알아본다.

는쟁이냉이

잎이 명이주를 닮은 냉이이다. 추운 눈 속에서 싹을 틔우고 땅이 해동되는 4월에 어린순을 채취한다. 생채로는 동치미를 만들고 고운 자줏빛이 난다.

감자술

감자와 쌀을 넣어 만든 전통술로 '서주'라고도 한다.

노란찰

삶거나 찐 후에도 진한 식감이 유지되어 떡 고명으로 많이 사용한다.

팔줄배기

옥수수 알갱이가 8줄로 자란 옥수수를 말한다.

인제오이

오이에 비해 길이가 짧고 가운데가 통통하며 색이 짙다. 아삭아삭해서 오래 보관할 수 있으므로 오이김치로 많이 사용한다.

능금

크기가 작고 열매 수가 많다. 개량 사과가 나오기 전에 주로 키우던 사과를 말한다.

신배

산간지역에 넓게 분포된 야생배로 효소나 약주로 담가 놓는다.

보다콩

꼬투리에 뽀얀 잔털이 나는 특성이 있으며 메주콩과 나물콩으로 모두 사용할 수 있다.

수리떡

수리취잎으로 만든 떡으로 한 해의 건강을 기원하며 농사가 풍년이 되기를 기원하는 단오절에 즐겨 먹던 절기음식이다.

올챙이묵

서민의 간식으로 옥수수가루로 죽을 쑤어 구멍 뚫린 함지박이나 전용 틀을 이용해 조리하는 음식이다. 묽은 반죽으로 만든 면이 올챙이같이 생겼다.

율무

밥 대신 널리 사용되었던 품종으로 밥을 짓거나 죽을 끓여 먹거나 율무차로 즐기는 경우가 많다.

봉평메밀

봉평메밀은 보양효과가 크고 단백질이 많아 영양가가 높으며 독특한 맛이 있어 국수, 묵, 부침 등에 널리 쓰인다.

가시고기

등에 뾰족한 가시가 달린 토종 물고기로 물이 맑은 곳에서만 서식한다.

칠성장어

아가미 구멍이 일곱 쌍으로 양측에 뚫려 있어 칠성장어라 불린다.

열목어

찬물에 서식하는 냉수성 어류로 물이 맑고 산림이 잘 보존된 곳을 좋아해서 청정지역의 지표가 되었다.

오대갓

오대산 기슭에서 자라기 때문에 오대갓이라 부른다. 섬유질이 적어 식감이 부드럽다.(현재 맛의 방주 등재에서 제외)

수세미오이

채소인 수세미속을 그릇 닦는 데 사용하여 수세미라 한다. 어린 열매는 요리에 사용하고 줄기에서 나오는데 수액은 미안수의 원료가 된다.(현재 맛의 방주 등재에서 제외)

물고구마

고구마 중에서도 수분이 많아 촉촉하며 익히면 노란색이 진하고 물렁물렁하다.(현재 맛의 방주 등재에서 제외)

결명자

눈을 밝게 해주는 씨앗으로 끓이면 주홍색으로 그 빛깔이 매우 아름답다.

노란찰밥

잇몸질환 개선 및 구강관련 질병에 효과적

재료

- 찹쌀 1/2컵
- 멥쌀 1/2컵
- 노란찰 1/2컵
- 소금 1g

만드는 법

1 찹쌀과 멥쌀은 깨끗이 씻어서 30분간 불린다.
2 불린 쌀에 노란찰과 소금을 넣고 밥을 짓는다.

알아보기

- 밥을 지을 때 옥수수알을 분쇄하는데 가루로 곱게 분쇄하는 것이 아니라 서너 조각씩 잘라서 넣으면 노란찰이 부드러워서 쌀과 잘 어우러진다.

율무강정

율무는 단백질이 풍부한 곡물이며
신진대사를 돕는 비타민과 철분이 많고
지방축적을 예방해 다이어트에도 효과적

재료

• 튀긴 율무 3½컵

시럽_ 조청 100mL, 설탕 1큰술, 식용유 1/4작은술
고명_ 대추, 호박씨

만드는 법

1 팬에 조청과 설탕, 식용유를 넣고 바글바글 끓인다.
2 시럽이 끓으면 튀긴 율무를 넣고 한 덩어리가 될 때까지 잘 버무린다.
3 기름칠한 비닐에 쏟아부어 밀대로 평평하게 밀어준 후, 한 김 나가면 먹기 좋은 크기로 자른다.

알아보기

• 밥에 넣어 먹거나 가루 내어 미숫가루로 만들어 먹어도 좋으며 팬에 노랗게 될 때까지 볶아서 차로 마셔도 좋다. 율무를 밥에 넣어서 먹을 때는 충분히 불려야 설익지 않는다.

맛의 마술사

느쟁이콩국

깔끔하고 향긋하면서도 특유의 톡 쏘는 매운맛도 있다.
비타민 A · C, 식이섬유, 안토시아닌이 풍부

재료

• 느쟁이냉이 200g   • 생콩가루 1컵   • 대파(10cm) 1대

육수_물 1L, 멸치 30g, 다시마 1쪽, 대파 뿌리 1개, 국간장 1큰술, 소금 약간, 액젓 1큰술

만드는 법

1 느쟁이냉이는 깨끗이 씻어서 먹기 좋은 크기로 썬다.

2 대파는 어슷썬다.

3 냄비에 육수 재료를 넣고 중불에서 15분간 끓인 후 체에 밭쳐서 국간장, 소금, 액젓으로 간한다.

4 느쟁이냉이에 생콩가루를 버무린다.

5 육수가 끓으면 약불로 낮추어 버무려둔 느쟁이냉이를 넣고 살짝 엉기면 센 불에서 한소끔 끓인 후 대파를 넣어 마무리한다.

알아보기

• 느쟁이냉이로 '냉쟁이냉이생채나물', '느쟁이냉이동치미' 등을 만들어 먹는데 철원군에서는 느쟁이냉이동치미 국물에 국수를 말아먹는 '느쟁이냉이국수'가, 화순군에서는 '느쟁이장아찌'로 해먹는 향토음식이다.

알싸한 향과 맛을 품은

갓두부들깨무침

항산화물질이 풍부해서 노화를 억제하고 질병의 발병을 억제하는 효과

재료

• 어린 갓 500g   • 통들깨 2큰술   • 두부 120g   • 소금 1작은술

양념_ 된장 2큰술, 다진 파 1큰술, 마늘 1큰술, 액젓 1큰술, 참기름 1큰술, 고추장 2큰술, 매실청 2큰술

만드는 법

1 끓는 물에 소금 1작은술을 넣고 어린 갓을 넣어 30초간 데친 후, 찬물에 담갔다가 물기를 꼭 짠 뒤 먹기
   좋은 크기로 썬다.
2 두부는 면포로 싸서 물기를 꼭 짠 후 곱게 으깬다.
3 볼에 양념 재료와 데친 갓, 두부, 통들깨를 넣고 조물조물 무쳐서 접시에 담는다.

알아보기

• 갓은 된장과 잘 어울리는 채소로서 된장으로 김치를 하기도 하며 갓으로 물김치를 담그면 톡 쏘는 맛이
   입맛을 돋우어준다.(현재 맛의 방주 등재에서 제외)

매끈한 피부를 위한

수세미오이청

성질이 차서 열이 많아 생기는 가래와 혈의 순환을 도와주며
이뇨작용과 각종 염증 및 노폐물을 배출해 주는 효능도 있어 부종에 좋음

재료

• 수세미오이 500g   • 황설탕 350g

만드는 법

1 수세미오이는 깨끗하게 씻어서 얇게 편썬다.

2 수세미오이에 황설탕을 넣고 잘 버무린 후 통에 담는다.

3 이틀에 한 번씩 설탕이 녹을 때까지 아래위로 잘 섞는다.(3~4회 반복)

4 설탕이 완전히 녹으면 3개월 동안 그대로 두었다가 거른다.

알아보기

• 설거지할 때 사용하는 수세미를 만드는 오이라는 뜻으로 수세미오이라 불린다. 수세미오이를 끓는 물
에 달여 차로 만들거나 말려서 가루 내어 물에 타서 먹으면 알레르기 비염에 좋다.(현재 맛의 방주 등
재에서 제외)

능금깍두기

맛은 달고 시며 갈증을 멈추게 한다.
위장의 소화능력을 촉진시키는 데 효과

재료

• 능금 1개

양념_ 고춧가루 2큰술, 조청 1/2큰술, 다진 마늘 1큰술, 새우젓 1큰술, 까나리액젓 1/2큰술,
    설탕 1/2큰술

만드는 법

1 능금은 깍둑썰기를 한다.
2 재료를 잘 섞어 양념장을 만든다.
3 양념이 잘 어우러지면 썰어놓은 능금을 버무려준다.

알아보기

• 능금 등 과일을 이용한 깍두기는 물러질 수 있으므로 단시간에 먹어야 하며 즉석김치로 대용한다.

수리떡꼬치

식이섬유가 풍부하여 소화를 돕고 단오 때 절기음식으로 사용

재료

• 수리떡 300g   • 새송이버섯 2개   • 꼬치 4개

양념_ 유자청 1/2컵, 석류 10알, 식초 1큰술

만드는 법

1 수리떡을 4등분한다.

2 새송이버섯은 1cm 크기로 자른다.

3 꼬치에 수리떡과 새송이버섯을 끼운다.

4 달구어진 팬에 3의 수리떡과 새송이버섯을 노릇하게 지진다.

5 다 구워지면 그릇에 담고 유자청 소스를 뿌려준다.

알아보기

• 꼬치를 구울 때는 기름을 최소로 사용하여 느끼하지 않도록 한다.

고구마빵

칼륨이 많아 나트륨을 배설하는 효능이 있다.
고혈압 예방에도 좋으며 섬유질이 풍부하여 변비 예방에 효능

재료

- 타피오카전분 130g
- 찹쌀가루 30g
- 우유 20g
- 버터 30g
- 소금 3g
- 물엿 30g
- 달걀 20g

고구마앙금_찐 고구마 150g, 설탕 10g

만드는 법

1 타피오카전분, 찹쌀가루는 체 친다.

2 달걀과 물엿, 소금을 섞는다.

3 우유와 버터를 혼합한 후 ②에 ①의 가루를 가볍게 넣는다.

4 소보로 상태가 되면 냉장고에 20분간 둔다.

5 속재료로 쓸 고구마는 충분히 찐 후 설탕을 섞어서 8등분한다.

6 냉장 반죽을 꺼내어 8등분한 뒤 준비된 속재료를 각각 넣어 반죽으로 감싼 후 고구마모양을 만든다.

7 자색 고구마가루를 묻히고 오븐(170℃)이나 에어프라이어(170℃)에서 20분간 익힌다.

알아보기

- 물고구마는 당분이 많으므로 앙금으로 활용해도 된다.(현재 맛의 방주 등재에서 제외)

신배잼

열을 내리고 가슴이 답답한 증상에도 효과가 있으며,
기관지 천식 등으로 인한 목감기, 기침, 가래, 해열에 좋음

재료

• 신배 2kg   • 원당(또는 설탕) 1kg   • 레몬즙 3큰술

만드는 법

1 신배는 깨끗하게 씻어서 물기를 제거한다.
2 준비한 병은 찬물에 끓여서 열탕소독한 후에 말린다.
3 배 껍질을 제거하고 믹서에 갈아준다.
4 냄비에 배와 원당을 넣고 중불에서 끓인다.
5 20분 정도 끓이다가 레몬즙을 넣고 중불에서 점도가 생길 때까지 끓인 후 병입한다.

알아보기

• 배는 맛이 강하므로 신맛을 싫어하면 원당을 가감한다. 신배잼물김치, 과일주스, 김치, 초장, 불고기 등
  에 다양하게 활용할 수 있다.

올챙이묵채

옥수수로 만든 묵이기 때문에 저칼로리이다.
살찔 염려가 적고, 소화가 잘되며 성인병 있는 사람에겐 건강식

재료

- 메옥수수가루 300g
- 애호박 20g
- 김(5×5cm) 3장
- 신김치 1큰술
- 부추 3줄기
- 청장 3큰술
- 들깻가루 1큰술
- 실파 1뿌리
- 조청 1큰술
- 채수 1큰술

채수 내기_ 표고버섯 5장, 다시마(10×10cm) 1장, 사과 1/2개, 양파 1/2개, 구운 대파 1대,
청양고추 3개(또는 마른 고추), 물 1L

만드는 법

1 냄비에 채수 재료를 넣고 물이 끓으면 다시마는 건져내고 30분 정도 끓인 후 체에 밭친다.
2 메옥수수가루를 곱게 갈아, 웃물은 버리고 밑물만 냄비에 넣어 농도가 걸쭉해질 때까지 끓인다.
3 밑에 구멍이 있는 틀에 부어 누름봉으로 내리고 밑그릇에는 물을 담아 바로 식힌다.
4 애호박은 채썬 뒤 소금간 하여 살짝 볶아주고, 김치는 송송 썰고, 김은 돌돌 말아 곱게 채썬다.
5 청장, 들깻가루, 조청, 실파를 넣고 양념장을 만든다.
6 그릇에 올챙이묵을 담아 채수를 부어주고, 고명을 올리고 양념장과 곁들여 낸다.

알아보기

- 육수 없이 양념장에 비벼 먹어도 좋다.

결명자 찹쌀식혜

간장과 눈을 좋게 하며 변비 완화, 이뇨작용, 고혈압,
위약한 위에 좋으며 콜레스테롤을 강화시켜 주고, 숙취에도 도움

재료

- 결명자 20g
- 엿기름 400g
- 찹쌀 2컵
- 조청 1/2컵
- 물 4L

만드는 법

1 물 4L에 결명자를 넣고 15분간 끓인 후 미지근하게 식힌다.
2 면포에 엿기름을 넣고 결명자물에 조물조물 주물러 결명자엿기름물을 준비한다.
3 찹쌀은 고두밥을 짓는다.
4 전기밥솥에 찹쌀밥, 결명자, 엿기름물을 넣고 보온기능으로 5~6시간 정도 둔다.
5 밥알이 동동 뜨면 조청을 넣고 중불에서 15분 정도 달인다.

알아보기

- 결명자는 차가운 성질을 가졌기 때문에 몸에 열이 많은 분들에게는 좋지만 몸이 차가운 분들은 주의해
  서 음용

피로는 가라. 아삭아삭 오이로 만든

인제 오이국

기초대사과정을 도울 뿐만 아니라 변비, 입 냄새 제거,
체중조절, 숙취 해소 등에 이로운 식재료로서 껍질째 먹을 것을 권장

재료

- 오이 1½개
- 대파 1/2대
- 청양고추 1개
- 홍고추 1개
- 다진 마늘 1큰술
- 생강즙 1작은술
- 새우젓 2큰술
- 구운 소금 약간
- 바지락살 1/2컵
- 물 1L
- 식용유 1큰술
- 들기름 1큰술

만드는 법

1 오이는 깨끗이 씻은 후 어슷썰고 청·홍고추, 대파도 어슷썬다.
2 바지락살은 소금물에 가볍게 한 번 씻는다.
3 식용유, 들기름을 넣고 바지락살을 넣어 볶는다.
4 ③에 물을 붓고 마늘, 생강즙을 넣어 팔팔 끓인다.
5 중간에 거품을 걷어내며 맑은 육수를 끓인다.
6 육수가 끓으면 오이, 새우젓을 넣고 한소끔 끓인 후 청·홍고추를 넣고 소금으로 간한다.

알아보기

- 된장, 고추장을 넣고 오이감정을 해 먹어도 별미

팔줄배기(범벅)

다이어트 및 혈관질환 예방

재료

- 건조 찰옥수수 1컵
- 팥 1/2컵
- 조청 1큰술
- 소금 1/2작은술
- 물 2L
- 옥수수가루 2큰술

만드는 법

1 건조 찰옥수수는 깨끗이 씻어서 하룻밤 불린다.

2 팥 1/2컵은 씻어서 냄비에 넣고 팥이 잠길 만큼 물을 부어서 부르르 끓으면 찬물에 한 번 헹구어 내고 다시 냄비에 넣고 무르도록 삶는다.

3 불린 옥수수를 냄비에 담아, 물을 넣고 끓기 시작하면 중불에서 30분간 삶는다.

4 삶아진 옥수수는 1/2은 믹서기에 갈아주고, 1/2은 통으로 둔다.

5 냄비에 삶은 옥수수와 팥을 넣고 끓이다가 갈아둔 옥수수와 옥수수가루로 농도를 맞춘 뒤 조청, 소금으로 간한다.

6 불을 끄고 3분간 뜸들인 후 담아낸다.

알아보기

- 일반 옥수수는 세로로 10~12줄인데 이와 달리 8줄로 자란다 해서 팔줄배기라 불렸다. 줄 수가 적은 만큼 옥수수 알은 크고 자루도 긴 편이다.

평양냉면도 울고 갈

취나물 들기름 막국수

빈혈 및 알레르기 체질 개선

재료

- 메밀국수 100g
- 취나물 60g
- 실파 1뿌리
- 된장 1/4작은술
- 들기름 1작은술
- 조청 1작은술
- 소금 약간

국수 양념장_ 들기름 1큰술, 청장 1작은술
양념장_ 청장 2큰술, 매실청 1큰술, 다진 마늘 1작은술, 들기름 2큰술, 조청 1큰술, 깨소금 1큰술

만드는 법

1 취나물을 다듬어 끓는 물에 소금을 넣고 데쳐서 찬물에 깨끗이 헹군 다음 물기를 적당히 짜서 먹기 좋은 크기로 썬다.
2 ①의 취나물에 된장, 소금, 들기름, 조청을 넣고 조물조물 주물러서 팬에 살짝 볶는다.
3 물이 끓으면 메밀면을 넣고 삶은 후 찬물에 충분히 헹군다.
4 양념장을 만들어서 삶은 면을 양념장에 잘 버무린다.
5 준비된 취나물을 그릇에 보기 좋게 담고 양념에 버무려둔 면을 취나물 위에 얹고 실파를 송송 썰어 고명을 올린다.

알아보기

- 중불에서 국수를 삶으면 넘치지 않고, 중간에 찬물을 넣지 않아도 잘 삶아진다. 새콤달콤한 막국수가 먹고 싶을 때는 식초 1/2큰술, 고춧가루 1큰술, 매실청 1큰술을 첨가하면 된다.

강원도 **247**

강원도 보다콩 콩나물 횟집

콩에는 비타민 C가 없는데 콩나물에는 다량 생성되어 피로회복에 좋음

재료

• 콩나물 300g   • 볶은 콩가루 1컵

양념_ 소금 1/4작은술, 청장 2큰술

만드는 법

1 콩나물은 손질한 후 씻는다.

2 냄비에 씻은 콩나물을 담고 물 1컵을 넣은 후 청장과 소금으로 간을 하여 뚜껑을 닫은 후 김이 한소끔 날
  때까지 삶는다.

3 콩나물을 뚜껑 닫은 상태에서 5분 정도 뜸들인다.

4 삶은 콩나물은 국물상태로 두면서 필요한 양만큼 덜어서 콩가루에 버무려낸다. 국물이 조금 겉들여져야
  콩가루가 잘 묻고 더 깊은 맛이 난다.

알아보기

• 보다콩은 콩 꼬투리에 뽀얀 잔털이 나는 특성이 있으며, 메주콩과 나물콩으로 모두 사용할 수 있는 우
  리 토종 콩이다. 콩알이 작아서 콩나물을 키워 먹기도 좋다.

경기도

서울을 둘러싼 산과 바다에 이어져 있고, 밭농사와 논농사가 고루 발달했다. 서해 안과 접해 있고 산과 강이 어우러져 농산물은 물론 해산물과 산채가 풍부하다. 개성 음식을 제외하고는 전반적으로 구수하고 소박하면서도 수수하다. 이러한 식문화 특 성을 지닌 경기도 지역의 맛의 방주 등재품목과 그 특징을 알아본다.

감홍로

좁쌀누룩, 멥쌀고두밥으로 술을 빚어 두 번 증류해서 일정기간 숙성시킨 뒤 용안육, 정향, 진피, 방풍, 계피, 생강, 감초, 지초 등 8가지 약재를 넣고 침출시켜 다시 1~5년간 숙성시킨 우리나라 술이다.

먹골황실배

조선 후기 황실에 진상하였으며 먹골에 심은 배나무가 번식해 먹골배라 한다.

현인닭

토착균을 배양시켜 쌀겨 등을 발효시킨 후 사료와 먹이는 유기농법을 사용하며 면역력이 강하고 건강한 천연기념물이다.

게걸무

토종무로 껍질이 두껍고 잔뿌리가 많으며 매운맛이 강하다. 함유황화합물이 많아 특히 매운맛이 강하다. 맛이 시원하고 입맛을 돋운다.

동아

호박, 참외, 무를 섞어 놓은 모양이다. 깍두기나 겉절이를 하거나 장아찌로 담가 먹는다.

밀랍떡

밀떡이라 부른 전통떡 찹쌀 위에 들기름과 밀랍을 담아 같이 찌는 전통떡이다.

산부추

이른봄 채소가 귀할 때 선조들이 드시던 산나물이다.

수수옴팡떡

햇수수와 풋콩이 어우러져 구수한 맛이 나는 떡이다.

준치김치

준치를 넣어 만든 김치로 가을에 김장할 때 만들어 이듬해 봄에 꺼내 먹는 김치이다.

돼지찰벼

붉은색 재래 벼 품종으로 찰기가 뛰어난 고품질 찰벼이며 맛이 좋고 찰기가 오래 간다.

웅어

갈대 비슷하게 칼처럼 생겼으며 임금님이 드시던 귀한 물고기이다.

돼지찰벼쇠머리떡

우리나라 전통 벼로서 돼지가 좋아할 만큼 맛있거나
붉은 돼지의 등처럼 보인다 해서 붙여진 이름. 한과를 만든 용도로 최고로 치는 품종

재료

- 돼지찰벼찹쌀가루 500g
- 대추 8개
- 곶감 1/2개
- 밤 6개
- 설탕 50g
- 크랜베리 20g
- 불린 서리태 70g
- 완두배기 20g

만드는 법

1 불린 서리태는 20분간 삶는다.

2 돼지찰벼가루에 물을 넣어 물주기를 한 후 체에 한 번 내린다.

3 대추는 돌려깎기한 후 4등분하고, 밤은 껍질을 벗긴 후 6등분하며 곶감은 먹기 좋은 크기로 채썬다.

4 찹쌀가루에 설탕, 대추, 밤, 서리태, 곶감, 크랜베리, 완두배기를 넣어서 잘 버무린 후, 찜기에 면포를 깔고 주먹 쥐어 얹어서 30분간 찐다.

5 기름칠한 비닐에 찐 찹쌀을 쏟아부어서 성형한 후 접시에 담는다.

알아보기

- 고문헌과 민요에 가장 많이 등장하는 것이 돼지찰벼이다.
- 수염이 빨개서 돼지찰이냐(헐훨이 고양 김매기 소리)
- 혼자먹어라 돼지찰(고사반, 경기 양주시 광적면 효촌리 김환의 채록, 1999)
- 검은 것은 돼지찰(방아타령, 연사군지)

동아회

심혈관 건강, 부종 개선, 이뇨작용, 피로회복, 혈당관리,
사포닌 성분이 풍부해서 기관지, 호흡기 건강관리에 좋음

재료

- 동아 250g
- 바나나 1/2개
- 실파 2뿌리
- 청고추 1/2개
- 소금 조금

초고추장_ 구운 바나나 1/2개, 찹쌀고추장 2큰술, 식초 2큰술, 청장 1작은술, 조청 2큰술,
깨소금 1작은술

만드는 법

1 동아는 얇게 슬라이스한 후 엷은 소금물에 살짝 절인 다음 물기를 짠다.
2 고추는 씨를 제거한 후에 채썰고, 실파는 송송 썬다.
3 바나나는 팬에 노릇노릇 구운 후 방망이로 으깬다.
4 초고추장 양념장을 만든다.
5 볼에 동아, 고추, 초고추장을 함께 버무려서 실파를 올린 후 마무리한다.

알아보기

- 표고버섯, 다시마로 육수를 낸 후, 동아물회로 먹으면 깔끔하고 시원한 맛을 즐길 수 있다.

웅어 간장조림

고단백질 식품인 웅어는 숙취에도 효능이 있으며 열량이 낮아 다이어트 식품으로 좋음

재료

- 웅어 3마리
- 병아리콩 30g
- 전분가루 2큰술
- 후춧가루 조금
- 생강즙 3큰술
- 청 · 홍고추 각 1개씩
- 감자(중) 1개

간장양념_ 청장 3큰술, 조청 2큰술, 마늘 1작은술, 된장 1작은술, 참기름 1큰술, 청주 2큰술, 물 1컵

만드는 법

1 웅어는 비늘을 긁고 아가미와 내장을 제거하여 깨끗이 씻은 뒤 생강즙을 뿌려둔다.

2 감자는 껍질을 벗긴 후 적당한 크기로 썬다.

3 웅어는 전분가루옷을 입힌 뒤 한 번 구워준다.

4 병아리콩은 씻어서 불린다.

5 냄비에 감자를 깔고 웅어, 병아리콩을 넣고 양념의 1/2을 넣어 센 불에 끓이다가 감자가 익을 정도면 남은 양념과 대파, 청 · 홍고추를 넣고 약불에서 조려낸다.

알아보기

- 웅어는 우여, 웅에, 차나리, 우어 등의 다양한 이름이 불리는데, 3월 말에서 4월이 제철이다. 웅어회, 무침, 구이 등으로 다양하게 즐길 수 있다.

준치김치산적

비타민이 풍부, 유산균의 증장작용, 저칼로리 식품

재료

- 준치김치 200g
- 실파 5줄기
- 삼겹살 200g
- 간장 1큰술
- 설탕 1/4큰
- 마늘 조금
- 참기름 1/2큰술
- 후추 조금
- 달걀 1개
- 밀가루 1/2컵

초간장 양념_ 식초 1큰술, 간장 1큰술, 설탕 1/2큰술

만드는 법

1 준치김치는 소를 털어내고 줄기만 2×7cm로 썰어 참기름으로 간을 한다.
2 삼겹살은 핏물을 제거한 후 2×7cm로 썰어 간장, 설탕, 다진 마늘, 깨소금, 참기름을 넣어 밑간한다.
3 실파는 7cm 길이로 썬다.
4 꼬치에 준치김치, 실파, 삼겹살 순으로 꽂는다.
5 밀가루, 달걀 순으로 무쳐서 달구어진 팬에 지진다.
6 초간장을 곁들인다.

알아보기

- 김치는 속을 충분히 털어내고 삼겹살은 두께가 있어야 꼬치에 끼울 때 편리하다.
- 김치에 넣는 준치는 겨울을 나면서 뼈와 가시가 삭아서 치아가 부실한 노인들에게 단백질을 제공하는 좋은 음식이다. 준치김치는 5개월은 익혀야 하며 비린내가 나는 과정을 거쳐야 맛있는 김치를 먹을 수 있다.

깊은 풍미 더한 부드러운 맛

닭불고기

당뇨, 고혈압, 피부미용에 효과적

재료

- 닭 1마리
- 대파 1대
- 양파 1/4개
- 파프리카1개
- 당근 1/4개
- 참기름 2큰술
- 통깨 1작은술

양념장_진간장 4큰술, 조청 3큰술, 다진 마늘 1큰술, 후추 1작은술, 생강술 2큰술, 참기름 2큰술, 다진 파 · 깨소금 약간씩

만드는 법

1 닭은 껍질과 기름기를 제거한 뒤 얇고 먹기 좋게 썬다.

2 양념장을 만들어 닭고기에 넣어 버무린다.

3 대파, 양파, 당근, 파프리카를 먹기 좋은 크기로 채썬다.

4 양념한 닭고기를 팬에 볶다가 뚜껑을 닫고 중불에서 익힌다.

5 각종 채소를 넣고 한소끔 김을 낸 뒤 참기름과 통깨를 넣어 마무리한다.

알아보기

- 현인닭은 한국재래닭보존회를 중심으로 축산원시험장 종자 데이터베이스를 구축하면서 복원된 우리나라 재래 닭

수수옴팡떡 샌드

기를 보하고 성질이 따뜻하여 소화에 도움을 준다.

재료

- 수수 1컵
- 대추 10g
- 검은콩 20g
- 찹쌀가루 1/2컵
- 유자청 1큰술
- 곶감 1개
- 크림치즈 50g
- 호두 10g
- 완두콩 20g

만드는 법

1 수수와 찹쌀가루를 체에 내린 후 소금을 넣고 익반죽한다.

2 반죽을 20g씩 떼어서 5cm 지름으로 동글납작하게 빚은 후 검은콩, 완두콩을 올려서 20분간 찐다.

3 곶감은 씨를 빼고 대추는 채 썰고 호두는 다져서 유자청을 넣고 버무려 곶감 속에 채워 넣고 둥글게 잘라서 소를 만든다.

4 수수옴팡떡 사이에 크림치즈, 곶감소를 넣어 완성시킨다.

알아보기

- 수수옴팡떡은 바쁜 철에 수수와 콩을 이용해 식사 대용으로 먹던 간식이다.

근육이 불끈불끈

닭포

지방함량이 낮으며 닭고기에 들어 있는 비타민 A는 세포의 노화를 방지함

재료

• 포 뜬 닭 300g

조림장_ 간장 2/3컵, 물 1컵, 청주 1/2컵, 설탕 1/3컵, 양파 1/2개, 생강즙 1큰술, 통후추 약간,
　　　　 마른 고추 2개

만드는 법

1 닭은 포를 떠서 칼집을 넣고 청주, 생강즙으로 밑간한다.
2 냄비에 조림장 재료를 넣고 약불에서 10분간 조린 후 체에 밭쳐서 조림장을 만든다.
3 조림장이 식으면 닭고기를 넣고, 조물조물 주물러준 다음 3시간 동안 재운다.
4 채반에 재운 닭고기를 하나씩 펼쳐서 말린다.

알아보기

• 닭육포는 닭고기 부위를 모두 사용해도 되지만 퍽퍽한 닭가슴살을 이용하면 쫄깃하고 담백한 맛을 즐
  길 수 있다.

생맥산 배화채

호흡기 계통에 도움이 되며 생맥산은 약해진 기력을 북돋아줌

재료

- 배 1/2개
- 맥문동 8g
- 오미자 4g
- 인삼 4g
- 꿀 2큰술
- 설탕 2큰술
- 물 3컵

만드는 법

1 오미자는 깨끗이 씻어서 생수 1컵에 12시간 우린다.

2 맥문동, 인삼은 냄비에 물 2컵, 설탕 2큰술을 넣어 끓인다.

3 배는 얇게 썰어서 모양틀로 찍는다.

4 우려낸 오미자물과 맥문동, 인삼 끓인 물에 꿀을 넣고 섞은 뒤 모양낸 배를 띄운다.

알아보기

- 먹골황실배는 단종의 유배 임무를 책임지고 수행했던 왕방연이 관직을 버리고 먹골에 머물며 배 농사를 지음으로써 유래되었다.

산부추 콩나물찜

열이 있는 사람이나 변비, 치질, 비만인 사람에게 효과가 있으며 주독을 푸는 작용

재료

• 콩나물 100g   • 부추 200g   • 콩가루 1컵

양념장_ 마늘 1큰술, 조청 2큰술, 청주 1큰술, 다진 대파 1큰술, 다진 양파 1큰술, 청양고추 2개,
통깨 1큰술, 참기름 2큰술

만드는 법

1 부추, 콩나물은 씻은 뒤 물기를 제거한다.
2 청양고추, 파, 마늘은 다지고, 양파는 송송 썬다.
3 양념 재료를 섞은 뒤 양념장을 만든다.
4 부추와 콩나물에 콩가루를 골고루 묻혀서 김 오른 찜기에 넣고 센 불에서 3분간 찐다.
5 찐 부추콩나물을 담고 양념장을 곁들여 낸다.

알아보기

• 콩나물, 부추를 따로 쪄서 양념장에 버무려내도 된다.

계절무말랭이차

무는 해독작용, 호흡기 건강에 특히 좋아 차로 만들어
수시로 마시면 '무 장수는 속병이 없다'는 말 실감

재료

• 무 1kg

만드는 법

1 무를 껍질째 깨끗이 씻은 후 막대썰기한다.

2 무를 꾸덕하게 잘 말린다.

3 마른 팬을 약불로 하여 3회 이상 덖은 뒤 식힌다.

4 수분을 잡은 후 용기에 담는다.

알아보기

• 차후 습기가 차면 한 번 더 덖어서 사용한다.

• 무 이용 : 밥, 생즙, 차, 조청, 생채, 조림, 국, 무침, 김치, 장아찌, 무말랭이무침, 깍두기

무조청

재료

- 찹쌀 1kg
- 무 3kg
- 엿기름 1kg
- 물 2L

고명_ 생강, 대추

만드는 법

1 찹쌀을 깨끗이 씻어 고두밥을 짓는다.

2 무는 채썰어 푹 삶은 후 으깨거나 믹서기에 간다.

3 전기밥솥에 고두밥, 무, 엿기름, 물을 넣고 보온에서 뚜껑을 덮고 6시간 삭힌다.

4 ③을 체에 걸러 전기밥솥에 엿기름물을 넣고 뚜껑을 연 후 취사버튼을 누른다.

5 원하는 농도보다 조금 묽게 되었을 때 완성시킨다.

알아보기

- 무밥을 지어도 된다.
- 목감기, 기침, 가래, 천식에 좋다.
- 찬물에 끓인 조청을 한 방울 떨어뜨려서 풀어지지 않으면 완성된 것이다.

맛의 방주 등재품목 현황(2022)

no	등재연도	이름	지역	no	등재연도	이름	지역
1	2013	제주푸른콩장	제주도	25	2014	제주 재래돼지	제주도
2	2013	앉은뱅이밀	경남 진주	26	2014	청실배	전북 진안
3	2013	섬말나리	울릉도	27	2014	토하	전남 강진
4	2013	칡소	울릉도	28	2014	현인닭	경기 파주
5	2013	연산오계	충남 논산	29	2014	김해 장군차	경남 김해
6	2013	제주흑우	제주도	30	2014	담양 토종배추	전남 담양
7	2013	장흥돈차	전남 장흥	31	2014	게걸무	경기 화성
8	2013	자염	충남 태안	32	2014	동아	경기 남양주
9	2014	감홍로	경기 고양	33	2015	골감주	제주도
10	2014	먹골황실배	경기 남양주	34	2015	산물	제주도
11	2014	을문이	충남 논산	35	2015	다금바리	제주도
12	2014	먹시감식초	전북 정읍	36	2015	오분자기	제주도
13	2014	어간장	충남 논산	37	2015	감태지	완도
14	2014	어육장	충남 논산	38	2015	낭장망 멸치	완도
15	2014	예산 삭힌김치	충남 예산	39	2015	지주식 김	완도
16	2014	예산 집장	충남 예산	40	2015	파라시	전북 완주
17	2014	울릉 옥수수엿청주	울릉도	41	2015	황녹두(황포묵)	전북 전주
18	2014	울릉 홍감자	울릉도	42	2015	보림백모차	전남 장흥
19	2014	울릉 손꽁치	울릉도	43	2015	하동 잭살차	경남 하동
20	2014	제주 강술	제주도	44	2015	밀랍떡	경기 양평
21	2014	제주 꿩엿	제주도	45	2015	작주부본곡자발효식초	충북 예산
22	2014	제주 댕유자	제주도	46	2015	누룩발효곡물식초	경북 예천
23	2014	제주 순다리	제주도	47	2015	떡고추장	충남 논산
24	2014	제주 재래감	제주도				

no	등재연도	이름	지역	no	등재연도	이름	지역
48	2015	마름묵	전북 정읍	77	2017	신배	강원 정선
49	2015	미선나무	충북 괴산	78	2017	보다콩	강원 정선
50	2015	산부추	경기 양평	79	2017	수리떡	강원 정선
51	2015	수수옴팡떡	경기 김포	80	2017	올챙이묵	강원 평창
52	2015	울릉자연산긴잎돌김	울릉도	81	2017	율무	강원 인제
53	2015	제비쑥떡	전남 나주	82	2017	봉평메밀	강원 평창
54	2015	준치김치	경기 평택	83	2017	가시고기	강원 정선
55	2015	칠게젓갈	전북 고창	84	2017	칠성장어	강원도
56	2017	돼지찰벼	경기 전역	85	2017	열목어	강원도
57	2017	고종시	전남 완주	86	2017	결명자	강원 정선
58	2017	웅어	전역	87	2017	대갱이	전라도
59	2017	자리돔	제주도	88	2018	강굴	전라도
60	2017	우뭇가사리	제주도	89	2018	쥐치	전라도
61	2017	는쟁이냉이	강원 인제	90	2018	무릇	충남
62	2017	우슬식혜	전북 고창	91	2018	명산오이	전남 곡성
63	2017	옥돔	제주도	92	2018	제주재래닭	제주도
64	2017	톳	제주도	93	2018	영암어란	전남 영암
65	2017	꼬마찰	전남 무안	94	2018	신안토판염	전남 신안
66	2017	남도장콩	전남 장흥	95	2018	갯방풍(해방풍)	경북 울진
67	2017	갓끈동부	전남 순천	96	2019	버들벼	충남 공주
68	2017	바위옷	전남 신안	97	2019	비로약차	전남 나주
69	2017	팥장	경북 전역	98	2020	제주참몸	제주도
70	2017	조청	전국	99	2020	제주전복	제주도
71	2017	구억배추	제주도	100	2020	제주 홍해삼	제주도
72	2017	감자술	강원 평창	101	2020	제주고소리술	제주도
73	2017	노란찰	강원 인제	102	2020	붉바리	제주도
74	2017	팔줄배기	강원 횡성	103	2020	물엉겅퀴	울릉도
75	2017	인제 오이	강원 인제	104	2021	나주 절굿대 떡	전남 나주
76	2017	능금	강원 정선	105	2021	영덕 가자미 밥 식해	경북 영덕

출처 : (사)국제슬로푸드한국협회(2022)

Reference

농촌진흥청 국립농업과학원 농식품종합정보시스템
 (http://koreanfood.rda.go.kr)
대한민국 맛의 방주100, 국제슬로푸드한국협회, 2019
도호약선본초학, 양승, 백산출판사, 2015
마음을 담은 사찰 음식, 홍승스님, 전효원, 영진닷컴, 2013
보기좋은 떡 먹기좋은 떡, 최순자, ㈜비앤씨월드, 2008
사찰음식 이야기, 묵신스님 · 김덕희 · 강시화, 백산출판사, 2018
쉽게 맛있게 아름답게 만드는 떡 한복려 궁중음식연구원
시의전서, 이효지, 신광출판사, 2004
식품재료의 모든 것, 윤숙자 · 최은희, 백산출판사, 2016
조선왕조 궁중음식, 한희순 · 황혜성 · 한복려, 궁중음식연구원, 1994
한국음식, 손정우 외 11인, 파워북, 2010
한국의 전통병과, 정길자 외 4명, 교문사, 2010
한식의 맛 비법전수 100선, 전경철 · 김은영 · 전동철, 백산출판사, 2013

Profile

최정민

- 대구가톨릭대학교 외식산업학과(이학박사)
- 대구가톨릭대학교 외래산학협력교수
- 대한민국 조리기능장
- CJ올리브TV 한식대첩4 경북대표 최종우승
- CJ올리브TV 한식대첩 고수외전 최종우승
- 뜰안 대표
- 저서 : 일식, 중식, 복어 조리기능사

조은미

- 대구가톨릭대학교 대학원 외식산업학과(이학석사)
- 대한민국조리기능장
- 대구과학대학교 식품영양학부 외래교수
- 푸드아트아카데미 대표
- 한국국제요리대회 통과의례부분 대통령상(2014) 수상

채담 전효원

- 영남대학교 식품영양학과 졸업, 경기대학교 외식경영학 전공(관광학박사)
- 한국자연음식협회장, 이지(利智)사찰음식학교 원장
- 향토식문화대전 교육부장관상, 국회의장상 등 다수 수상
- 저서 : 아이좋아 가족밥상, 마음을 담은 사찰음식, 한식조리기능장 실기&필기

엄희순

- 대구가톨릭대학교 외식산업학과(이학박사)
- 영남이공대학교 식음료조리계열 겸임교수
- 영남외국어대학 약선영양조리과 외래교수
- 세종신라 외식전문학교 조리 부원장

서경희

- 대구가톨릭대학교 대학원 외식산업학과(보건학석사)
- 힐링푸드연구원 원장
- 마음찬도시락 대표
- aT한국농수산식품유통공사 사장 표창장 받음
- 한 · 양 · 중 · 일식 복어조리 기능사 자격증, 직업능력개발훈련교사 자격증

강나윤

- 대구가톨릭대학교 외식산업학과(이학박사)
- 영남식문화연구소 수석연구원
- 서울국제푸드앤테이블웨어박람회 대상 수상
- 서울국제푸드앤테이블웨어박람회 중소벤처기업부장관상 수상
- 한 · 양 · 중 · 일식 복어조리, 제과 · 제빵 기능사 자격증, 교원 자격증(실기 조리),
  직업능력개발훈련교사, 식품위생관리사 조리산업기사(한식) 자격증

대한민국 맛의 방주 : 향토편

2022년 8월 20일 초판 1쇄 발행
2022년 9월 30일 초판 2쇄 발행

지은이 최정민·조은미·전효원·엄희순·서경희·강나윤
사 진 김철성
펴낸이 진욱상
펴낸곳 (주)백산출판사
교 정 성인숙
본문디자인 이문희
표지디자인 오정은

등 록 2017년 5월 29일 제406-2017-000058호
주 소 경기도 파주시 회동길 370(백산빌딩 3층)
전 화 02-914-1621(代)
팩 스 031-955-9911
이메일 edit@ibaeksan.kr
홈페이지 www.ibaeksan.kr

ISBN 979-11-6567-542-4 13590
값 29,500원

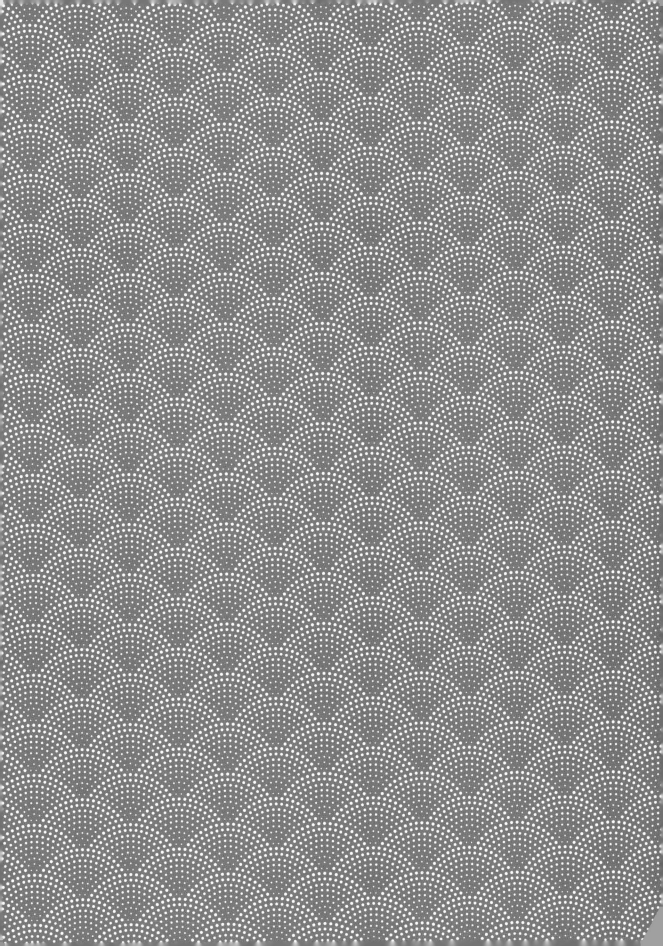

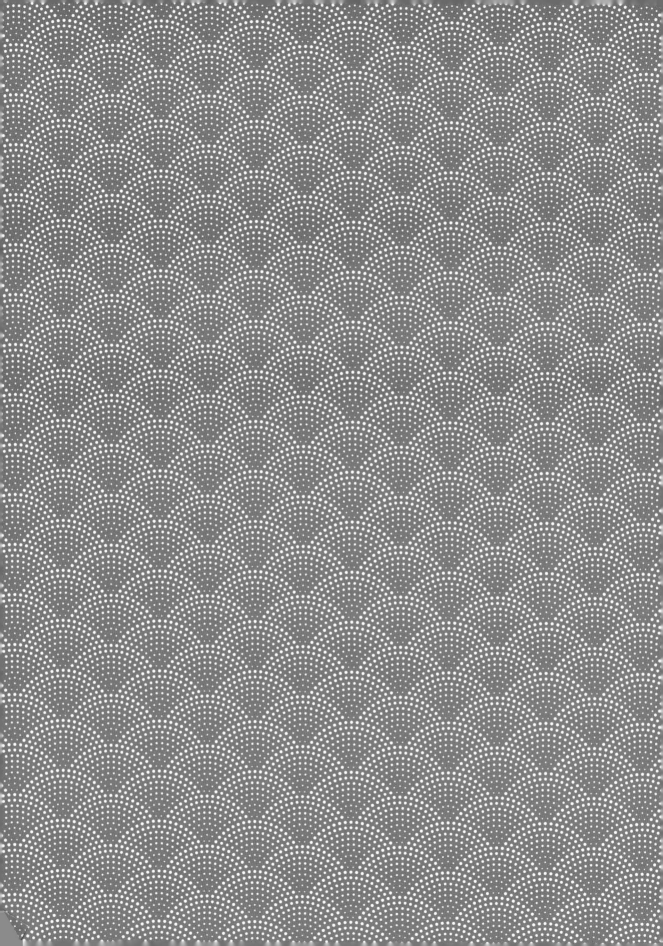